オリーブグリーン単色に塗られたフィアット2000戦車の左側面イラスト。敵の侵入を防ぐために高い位置に取付けられた出入口扉だが、当初は右側面の下側に設置されていた。最大20mm装甲厚の大型車体や多武装搭載により重量は40トンを超え、これはドイツの試作超重戦車Kヴァーゲン（150トン）を除けば第一次大戦中に開発された最も重い戦車となった（「創成期のイタリア戦車部隊」参照）

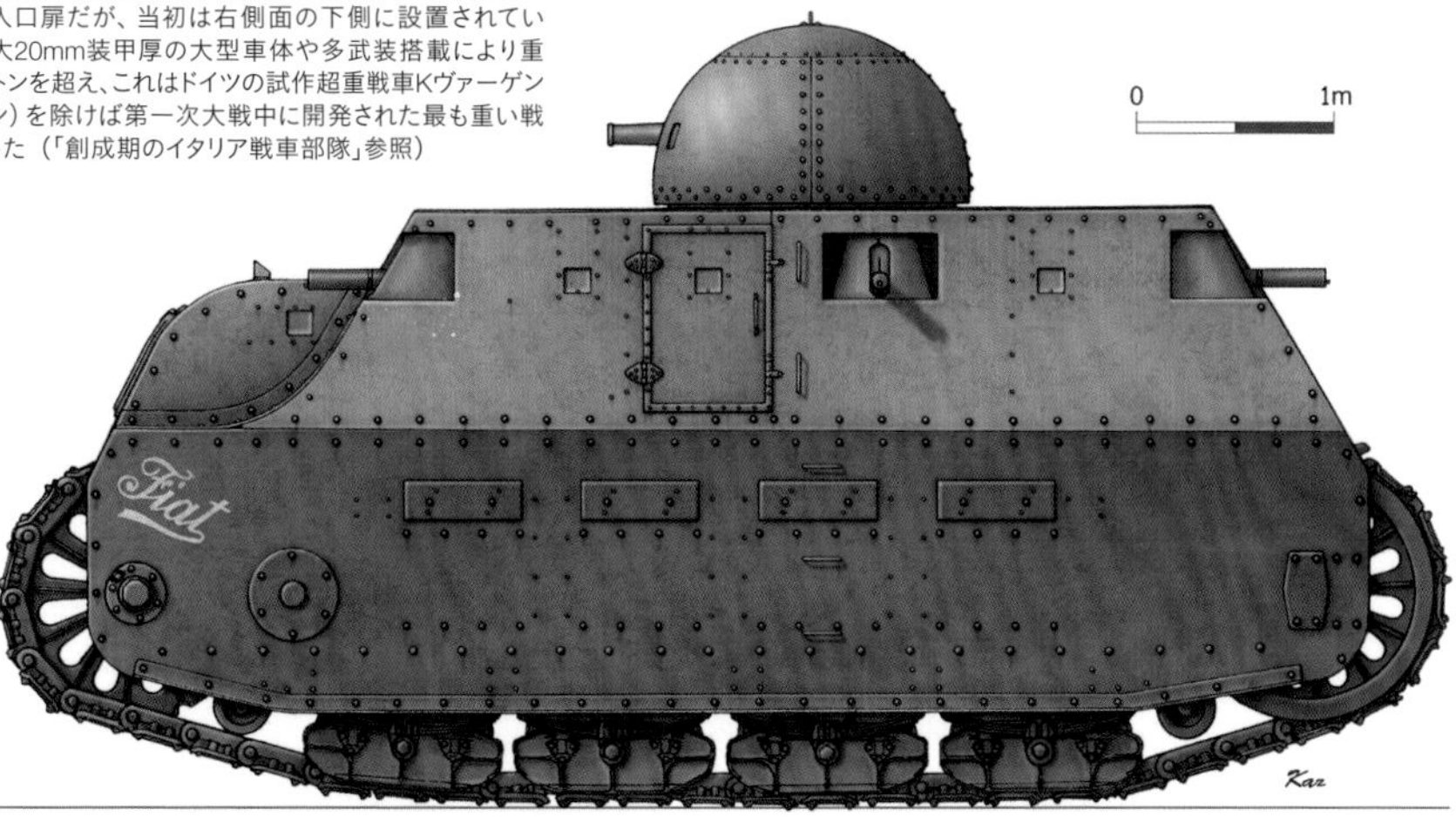

2020年の完成後、当時の軍装を再現した兵士役と記念写真に写るフィアット2000型の原寸レプリカ。2色迷彩で塗られ、車体正面と砲塔側面にはフィアット社のロゴが見える（イタリア陸軍撮影）（「創成期のイタリア戦車部隊」参照）

【フィアット2000型戦車】

全長:7.40m、全幅:3.20m、全高:3.80m、重量:38.78トン、エンジン:フィアットA12 6気筒ガソリンエンジン（250馬力）、最高速度:7km/h、航続距離:75km、武装:17口径65mmM1908/13型歩兵砲×1および6.5mmフィアット・レヴェッリM1914型水冷式機関銃×7（または17口径65mm砲×1および40口径37mm歩兵砲×4、6.5mm機関銃×3）、装甲厚:15mm～20mm、乗員:10名

カラーギャラリー

（※図面の縮尺率は不同）

イラスト／吉川和篤

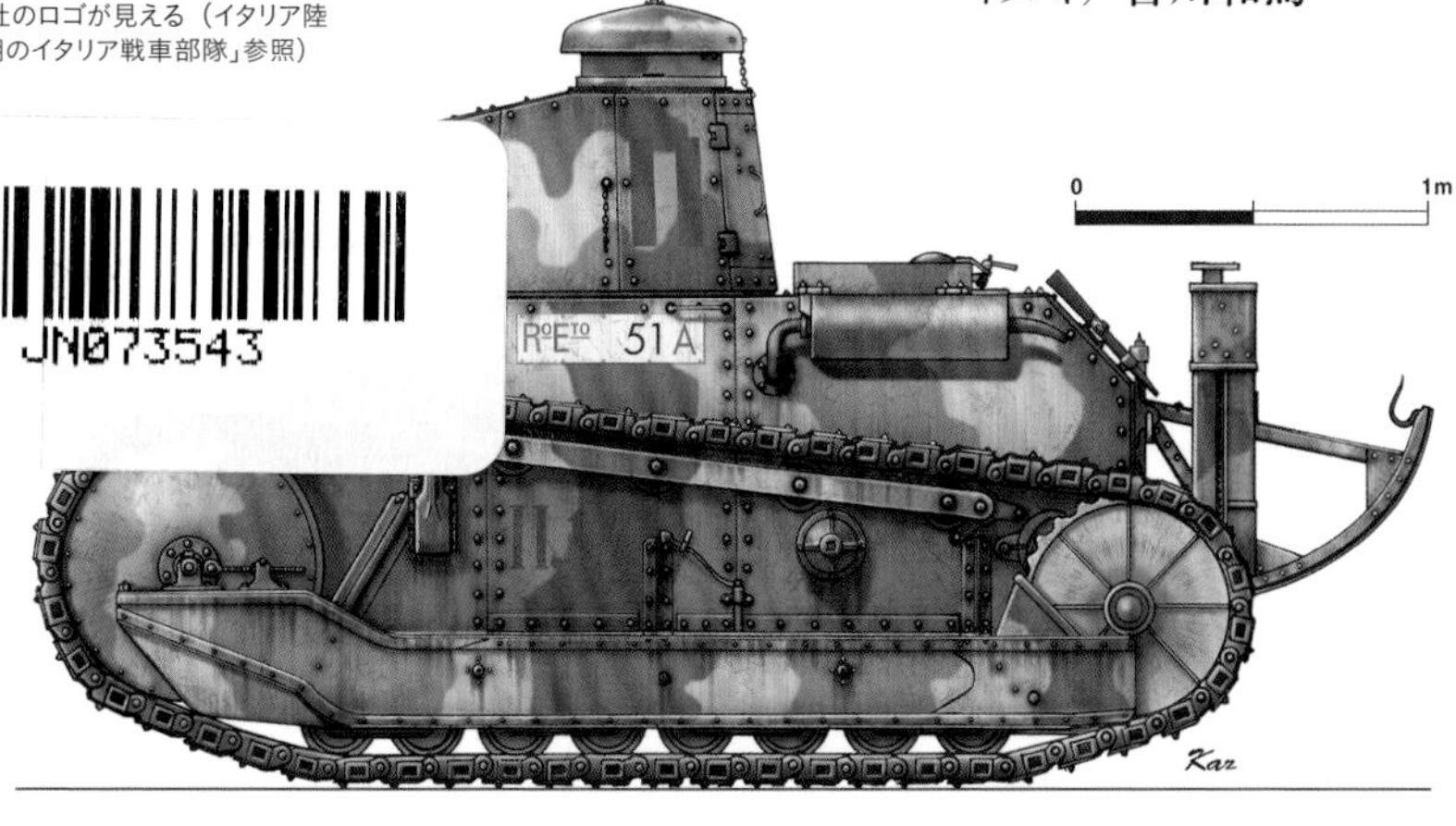

1929年、バッサーノ・デル・グラッパに駐留した戦車中央編成団（戦車連隊）第2戦車大隊第1中隊所属のフィアット3000 Mod.21型軽戦車「51A」号車。典型的な3色迷彩に塗られ、砲塔には赤いローマ数字で「Ⅱ」の番号が大きく書かれている（「創成期のイタリア戦車部隊」参照）

【フィアット3000 Mod.21型戦車（前期型）】

全長:4.17m（尾ソリ含む）、全幅:1.64m、全高:2.19m、重量:5.5トン、エンジン:フィアット水冷直列4気筒ガソリンエンジン（50馬力）、最高速度:24km/h（路面）、航続距離:95km（路面）、武装:6.5mmSIA M1918型機関銃×2（3,840発）、装甲厚:6～16mm、乗員:2名

後楽園スタジアムでのイタリア親善使節団歓迎国民大会を記念して発行された絵葉書。伊語で「ようこそ、イタリア・ファシスト使節団」と書かれたタイトルの下に、両国の国旗を背景にして手を振る、黒いファシスト党制服姿のバウルッチ侯が見える（「極東を目指した黒いファシスト達」参照）

1937年11月に締結された日独伊防共協定を記念して発行された絵葉書。小旗を手にした3カ国の子供達が描かれ、その上にはムッソリーニとヒトラーの肖像写真の間に日本の近衛首相が見える（「極東を目指した黒いファシスト達」参照）

全国ファシスト党使節団の訪日記念メダル。1938年の横にファシスト歴16年のローマ数字が見える（「極東を目指した黒いファシスト達」参照）

ファシスト使節団と入れ違いに1938年5月に訪日したイタリア経済使節団（エットーレ・ヴェランピオ団長）を記念して発行された、神戸バスの乗車券（「極東を目指した黒いファシスト達」参照）

1937年8月、第二次上海事変に出動した中華民国空軍所属のフィアットCR.32型複葉戦闘機。機体全体機体全体はオリーブグリーン系単色で塗られ、尾翼に国籍を示す青天白日の青色と白色のストライプが描かれた（「極東を目指した黒いファシスト達」参照）

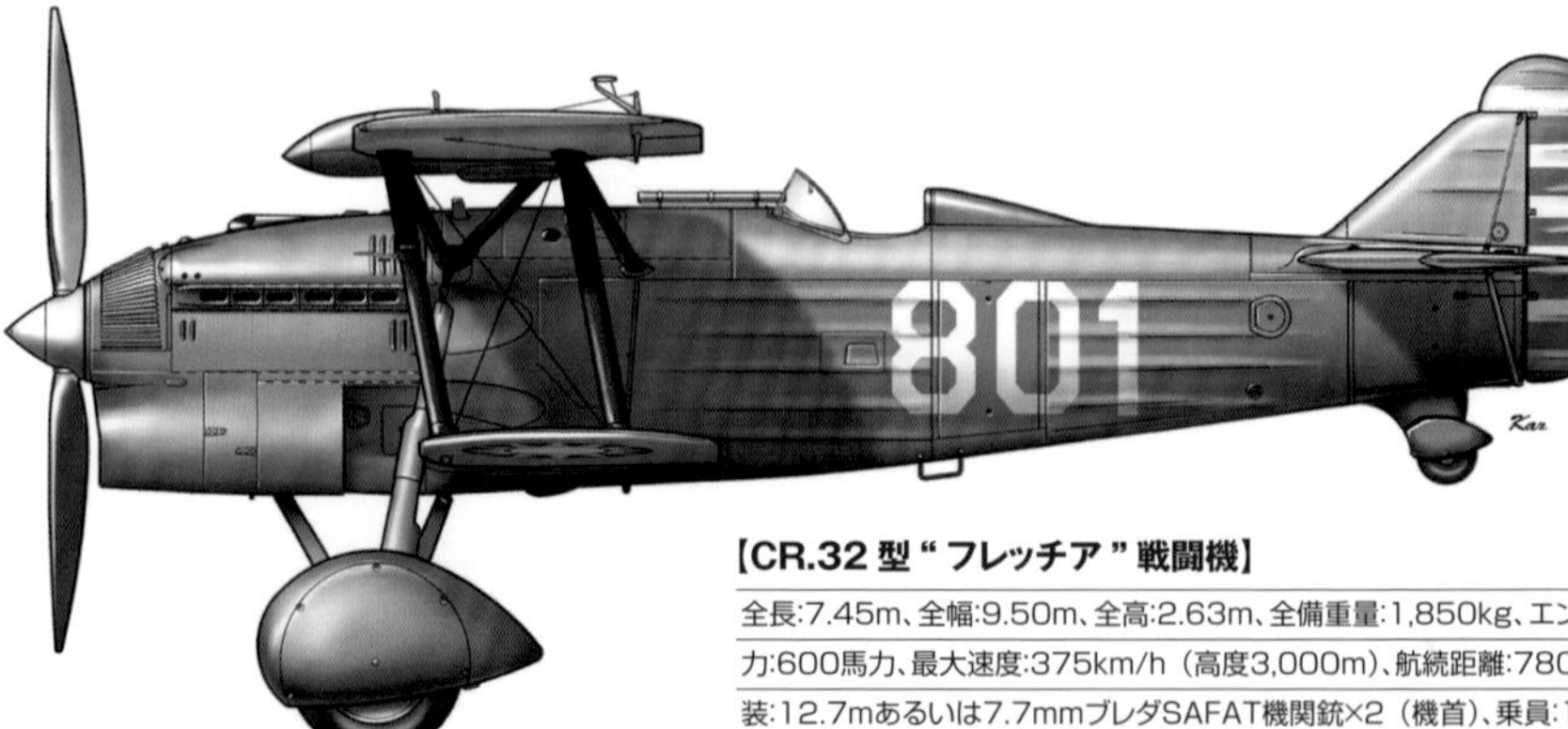

【CR.32 型 “ フレッチア ” 戦闘機】

全長:7.45m、全幅:9.50m、全高:2.63m、全備重量:1,850kg、エンジン出力:600馬力、最大速度:375km/h（高度3,000m）、航続距離:780km、武装:12.7mあるいは7.7mmブレダSAFAT機関銃×2（機首）、乗員:1名

1917年6月に戦死したバラッカ少佐を偲んで、翌月売りの雑誌表紙に描かれた空戦中のイタリア戦闘機隊。飛行士はニューポール11型戦闘機の翼上面のルイス機関銃を撃っている（「空と海を制したWWI戦闘機エース達」参照）

ローマ式敬礼で右手を挙げたポーズを取るP.N.F.（全国ファシスト党）の党員。黒いウール生地製の略帽を被り、同じく黒いウール生地製の制服を着て乗馬ズボンを履いている。このサハリアーナ熱帯服に似た胸ポケットの蓋がスカラップになった型式は、1930年代に登場したイタリア国民服と同じデザインであった（「極東を目指した黒いファシスト達」参照）

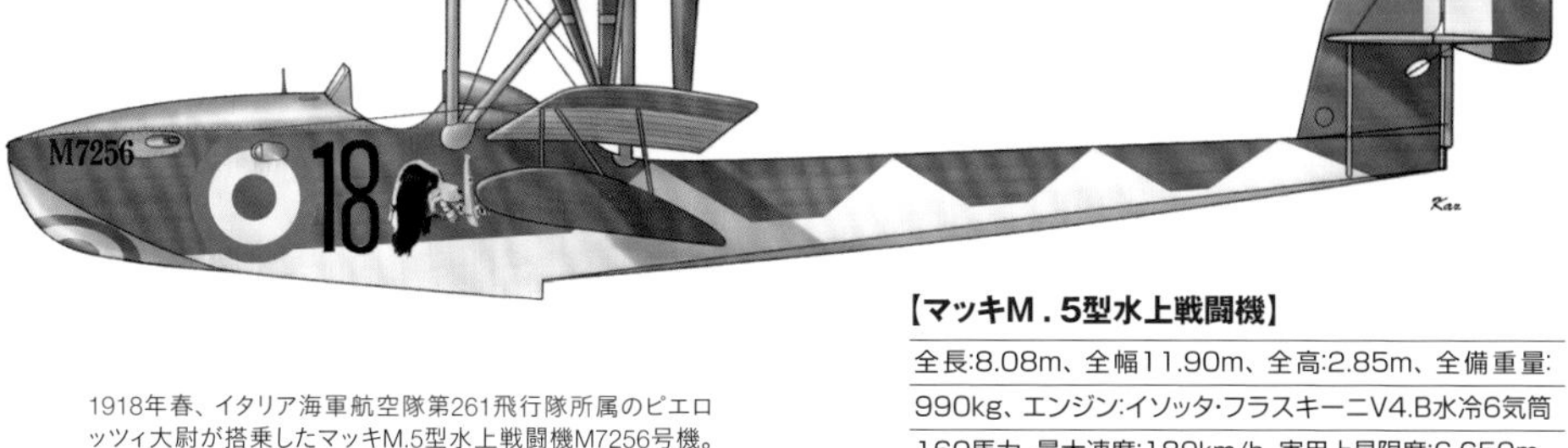

1918年春、イタリア海軍航空隊第261飛行隊所属のピエロッツィ大尉が搭乗したマッキM.5型水上戦闘機M7256号機。機体には、敵機をくわえて振り回す猟犬の個人マークが描かれている（「空と海を制したWWI戦闘機エース達」参照）

【マッキM．5型水上戦闘機】

全長:8.08m、全幅11.90m、全高:2.85m、全備重量:990kg、エンジン:イソッタ・フラスキーニV4.B水冷6気筒160馬力、最大速度:189km/h、実用上昇限度:6,650m、武装:6.5mmフィアットMod.14空冷機関銃×2、乗員:1名

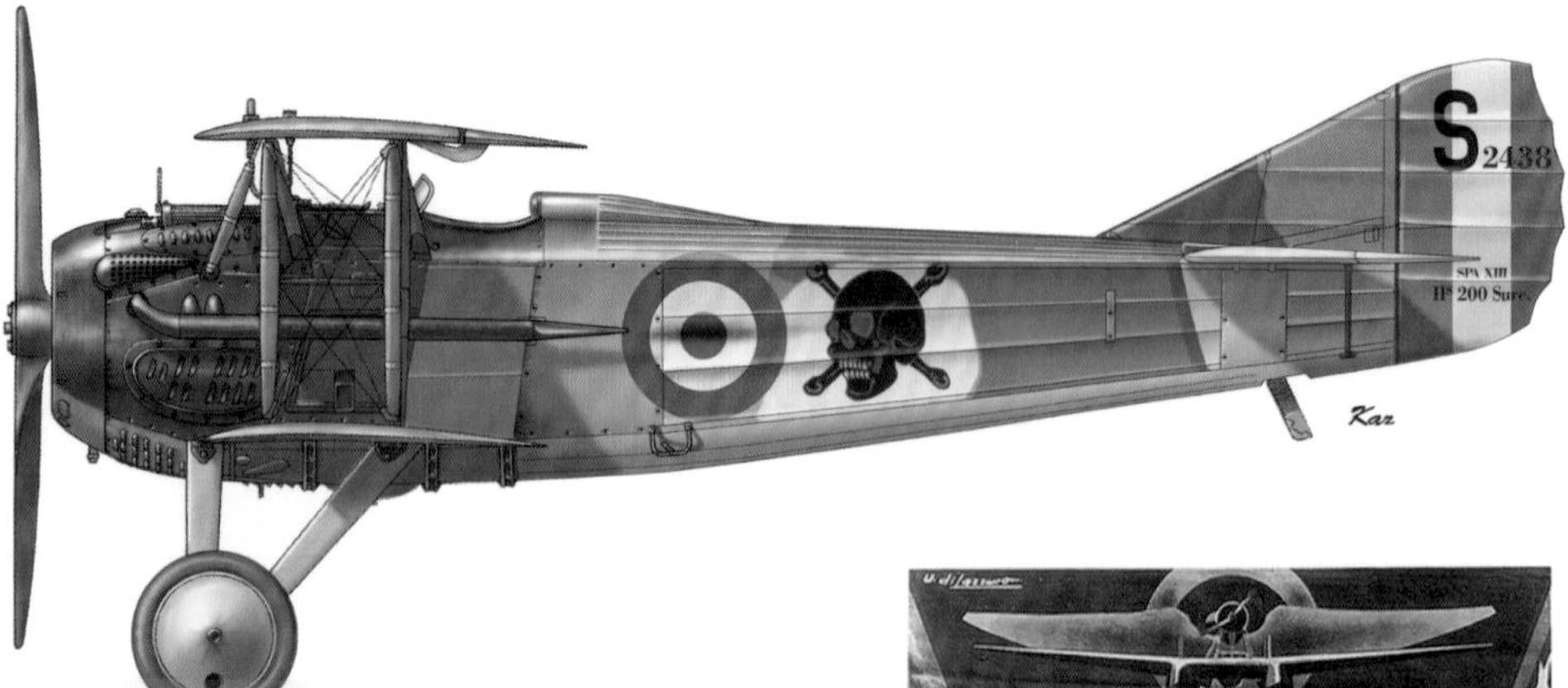

1918年夏、イタリア陸軍航空隊第91飛行隊所属のルッフォ大尉が搭乗したスパッドS.Ⅷ型戦闘機S2438号機。ニューポール機時代までは正面を向いていた黒い髑髏マークは斜め向きとなり、眼孔や顎のくぼみは赤く描かれている（「空と海を制したWWⅠ戦闘機エース達」参照）

【スパッド S. Ⅷ型戦闘機】

全長:6.25m、全幅8.25m、全高:2.60m、全備重量:856kg、エンジン:イスパノスイザ水冷8気筒220馬力、最大速度:218km/h、実用上昇限度:6,650m、武装:7.7mmヴィッカース機関銃×2、乗員:1名

イタリアとアメリカ合衆国の国旗が向かい合った中、縦列編隊で飛行するS.55X型を描いた横断飛行成功を記念して作られたポスター（「空に逝った風雲児 イタロ・バルボ」参照）

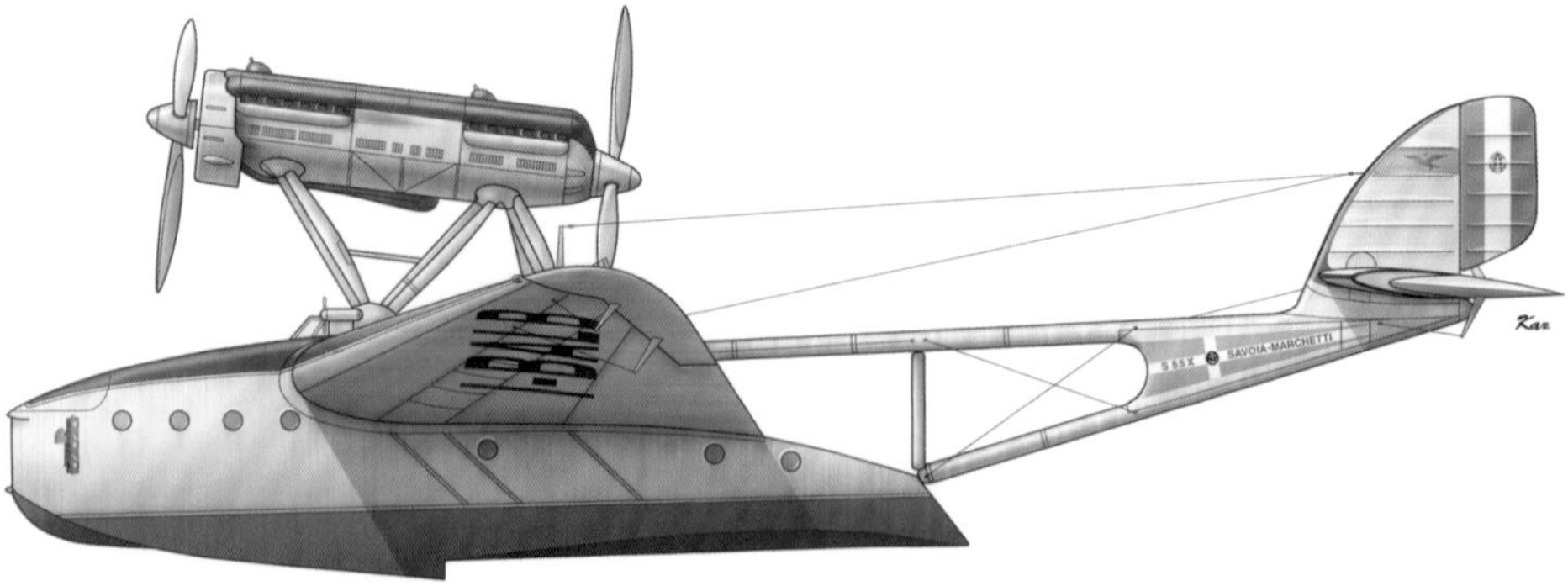

【S.55X 型飛行艇】

全長:16.50m、全幅:24.00m、全高:5.00m、全備重量:10,000kg、エンジン出力:880馬力、最大速度:282km/h、航続距離:4,500km、武装:7.7mmルイス機関銃×4、爆弾:最大1,000kgまたは魚雷×1、乗員:5～6名

イタロ・バルボ空軍大将が搭乗したS.55X型飛行艇。同機はイソッタ・フラスキーニ製エンジンをアッソ750V型（880馬力）2基に換装した大西洋横断飛行用機材で、バルボ機の翼下面には民間コード の"I-BALB"が描かれた（「空に逝った風雲児 イタロ・バルボ」参照）

フランスやソ連の支援を受けた人民戦線政府側の共和国空軍を称え、フランコ将軍側のファシズム粉砕を唱えた、カタルーニャ語で書かれたプロパガンダポスター（「イタリア機で勝利したスペイン人エース達」参照）

1936年12月、セビリアのタブラーダ飛行場におけるイタリア人義勇航空隊『軍団空軍』第1戦闘航空群第3飛行隊所属のブルーノ・ディ・モンテニャッコ軍曹機のCR.32型。サンドイエロー色と明るいスカイグレー色ベースにオリーブグリーン色とレッドブラウン色の細かいスポット迷彩が描かれている。またXマークが描かれた垂直尾翼の動翼は銀色である（「イタリア機で勝利したスペイン人エース達」参照）

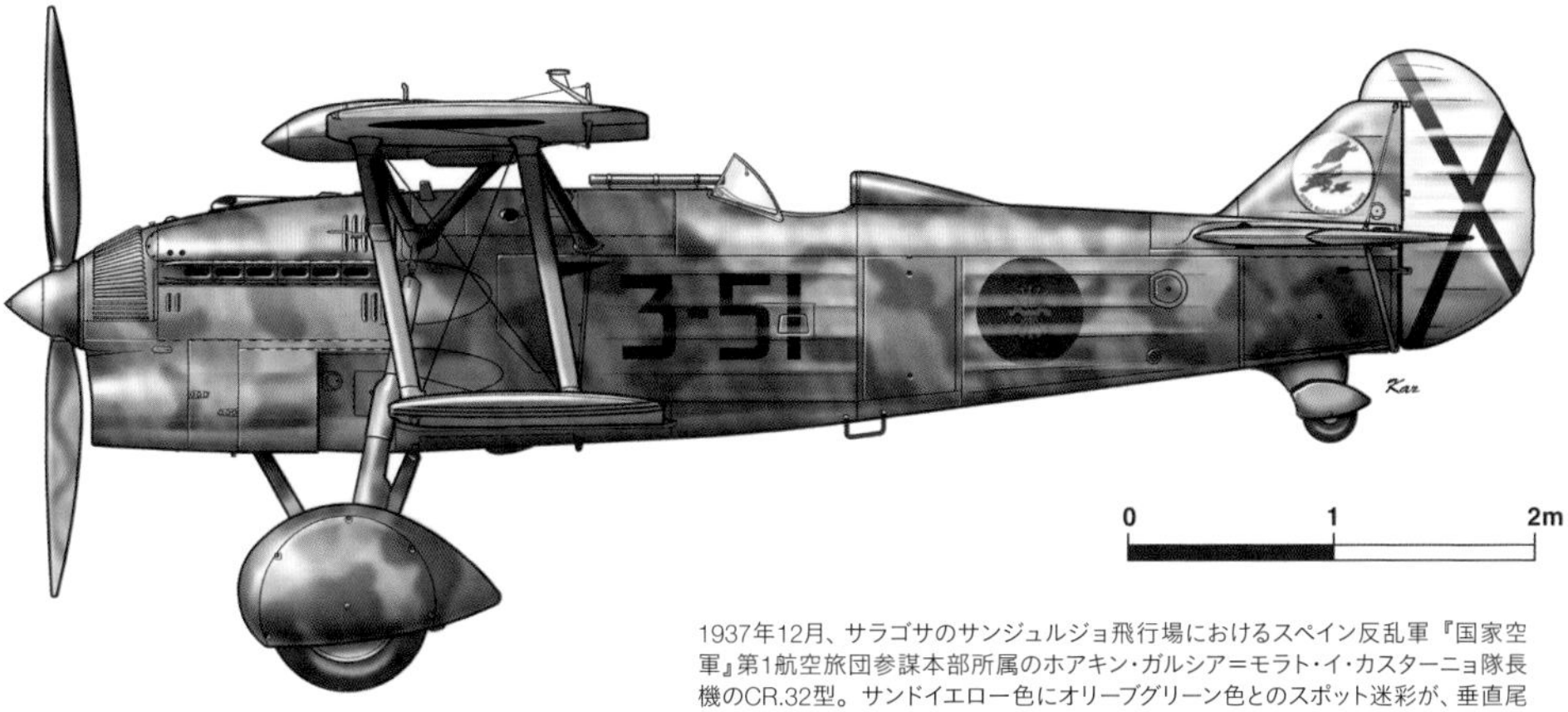

1937年12月、サラゴサのサンジュルジョ飛行場におけるスペイン反乱軍『国家空軍』第1航空旅団参謀本部所属のホアキン・ガルシア＝モラト・イ・カスターニョ隊長機のCR.32型。サンドイエロー色にオリーブグリーン色とのスポット迷彩が、垂直尾翼に『青いパトロール隊』マークが描かれている。胴体の黒い丸の中のファランヘ党のマークは赤色である（「イタリア機で勝利したスペイン人エース達」参照）

1937年、南京郊外のジュロン飛行場に展開した中華民国空軍第3航空群第8戦闘機隊所属のフィアットCR.32型複葉戦闘機「806」号機。機体は下面も含めて全てオリーブグリーン系単色で塗られ、主翼上下に国籍を示す青天白日マークと胴体後部に白帯が、垂直尾翼に青色と白色のストライプが描かれた（「中国大陸に舞ったイタリアの翼」参照）

1938年頃、ミラノ・マルペンサ基地に展開するBR.20型爆撃機の初期型。胴体上面には固定式開放銃座が見えるが、これはイ式重爆撃機の物より旧いガラス天蓋が背の低いタイプである（「中国大陸に舞ったイタリアの翼」参照）

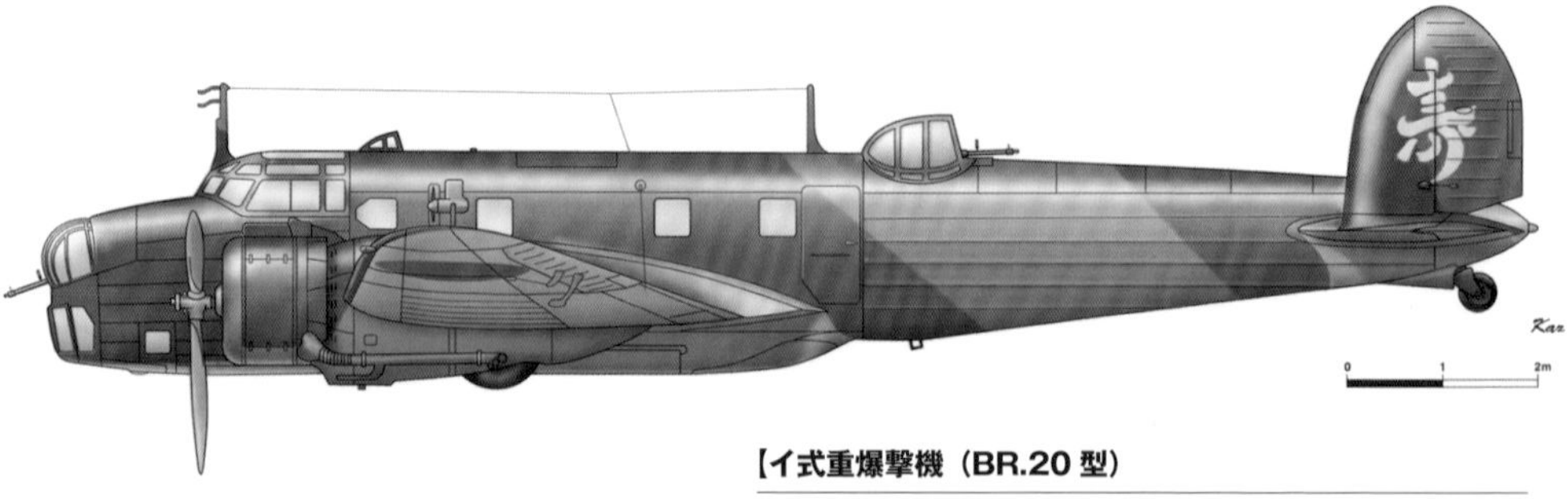

1939年（昭和14年）頃、中国大陸に展開した日本陸軍飛行第十二戦隊所属のイ式重爆撃機。機体と主翼上面は濃緑色と濃茶色、カーキ色の三色迷彩で塗られ、垂直尾翼には白色で「寿」のマークが描かれた。また胴体側面には国籍マークの日の丸は見られない（「中国大陸に舞ったイタリアの翼」参照）

【イ式重爆撃機（BR.20 型）

全長:16.10m、全幅21.56m、全高:4.30m、全備重量:9,900kg、エンジン出力:1,000馬力×2、最大速度:432km/h（高度5,000m）、実用上昇高度:9,000m、航続距離:2,750km、武装:12.7mmブレダSAFAT機関銃×1、7.7mmブレダSAFAT機関銃×2、爆弾:1,600kg、乗員:5名

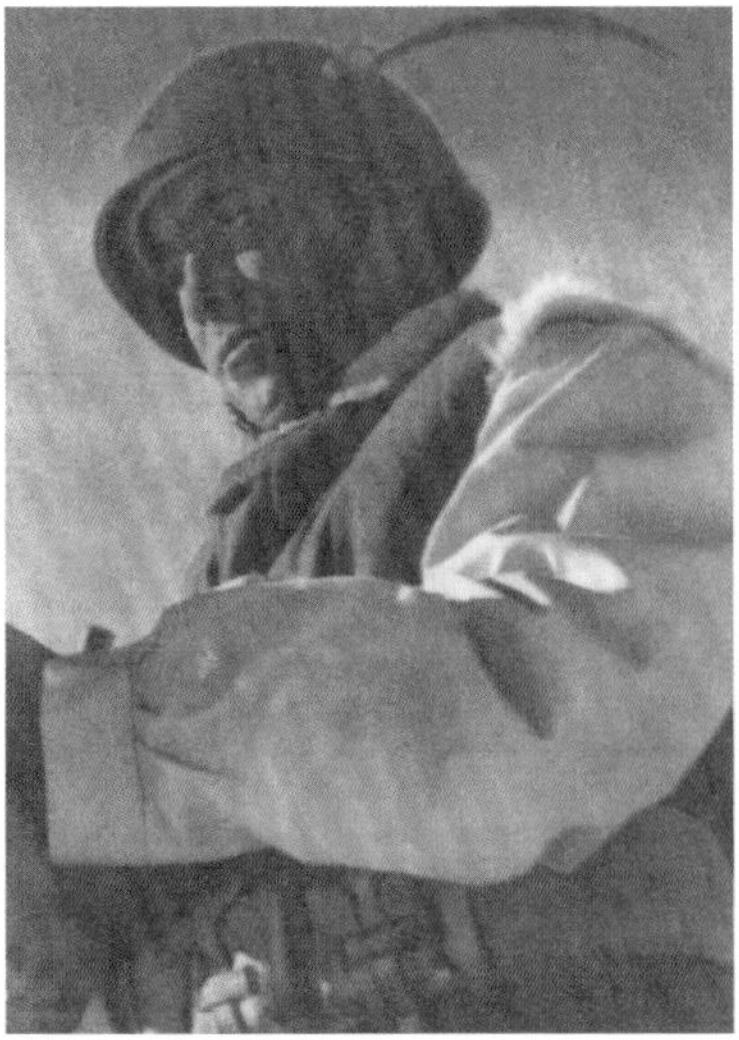

当時のグラフ雑誌に掲載された同大隊山岳スキー兵のカラー写真。白い防風ヤッケの上に毛皮のチョッキを着用しており、M33型ヘルメット左側面の羽根飾り（ペンネ）付け根のポンポン（ナッピーネ）は、ロシア戦線以前は第5大隊を示す青色であった（「雪原に消えた白い悪魔達―『モンテ・チェルビーノ』山岳スキー大隊」参照）

1940年暮れに誕生した第4山岳連隊所属『モンテ・チェルビーノ』山岳スキー大隊の記念絵葉書。イタリア側から見たマッターホルン山を背景に雪原に差したスキー板とストックが描かれ、右下には同大隊のモットー「Pista!」（追跡！）が見える（「雪原に消えた白い悪魔達―『モンテ・チェルビーノ』山岳スキー大隊」参照）

2014年4月、山岳空挺部隊の創立50周年における現代の『モンテ・チェルビーノ』山岳兵の左腕には、第4山岳空挺連隊の部隊パッチが着用されている（「雪原に消えた白い悪魔達―『モンテ・チェルビーノ』山岳スキー大隊」参照）

部隊名とモットーが入った七宝製の円形大隊バッジ。左胸に着用された（「雪原に消えた白い悪魔達―『モンテ・チェルビーノ』山岳スキー大隊」参照）

1942年春、『モンテ・チェルビーノ』山岳スキー大隊兵士。カルカノ騎兵銃を肩に掛け、通常のウール製M40型野戦服に1942年以降に着用された第3大隊を示す赤いナッピーネとペンネを差した山岳帽を被り、腰には第一次大戦から伝わるスキー兵用の綿布製小銃用バンダリアを巻いている（「雪原に消えた白い悪魔達―『モンテ・チェルビーノ』山岳スキー大隊」参照）

1940年10月、北アフリカ戦線に到着したばかりのM13/40型中戦車。待望の新戦車はアンサルド社工場からダークグリーン単色に塗られたまま送られ、現地でサンドイエローに塗り替えられた（「熱砂の戦場に散った雄羊達—『アリエテ』機甲師団」参照）

1941年10月のキレナイカにおいて、M41型搭乗員用つなぎ服を着用する第132『アリエテ』機甲師団第132戦車連隊第7中戦車大隊所属の伍長。自動車整備士用と同型の青い綿製つなぎ服は、前合わせと膝ポケットにジッパー付きも存在した。戦闘時はこの上に戦車兵用の黒革製ハーフコートやヘルメットを着用した（「熱砂の戦場に散った雄羊達—『アリエテ』機甲師団」参照）

1942年8月、エル・アラメイン戦線西方に展開した第132戦車連隊所属の第1中隊第3小隊3号車のM14/41型中戦車。サンドイエローの単色塗装で車体側面に黒い牡羊の部隊マークを付けている。戦車砲塔側面には長方形の中隊マーク（赤:第1中隊、青:第2中隊、黄:第3中隊、白または黒色:大隊本部中隊）が描かれ、縦棒の数で第1小隊から第3小隊までを、その上のアラビア数字で1～4号車番号を示した。砲塔上面の白円は、航空機からの味方識別用（「熱砂の戦場に散った雄羊達—『アリエテ』機甲師団」参照）

1943年8月8日発行のミラノの日曜版新聞に掲載された連合軍戦車への反撃イラスト。ベルサリエリ部隊による47mm対戦車砲を使用した待ち伏せ攻撃が描かれている（「シチリアに散った旧式軽戦車たち」参照）

1942年、バルカン半島モンテネグロに駐留する第31戦車連隊所属のフィアット3000（L5）軽戦車第1中隊第2小隊2号車を捉えた、当時珍しいカラー写真。カーキ色ベースに濃緑色と濃茶色を重ねた3色迷彩が確認出来る（「シチリアに散った旧式軽戦車たち」参照）

【フィアット3000 Mod.21 型軽戦車（後期型）】

全長:4.17m（尾ソリ含む）、全幅:1.64m、全高:2.19m、重量:5.5トン、エンジン:フィアット水冷直列4気筒ガソリンエンジン（50馬力）、最高速度:24km/h（路上）、航続距離:95km（路上）、武装:8mmFIAT M14/35型機関銃×2、装甲厚:最大16mm、乗員:2名

1943年7月、シチリア島に展開した第12軽戦車大隊所属でA戦闘団に配備されたフィアット3000 Mod.21後期型（L5/21型）軽戦車第1中隊第1小隊1号車（「シチリアに散った旧式軽戦車たち」参照）

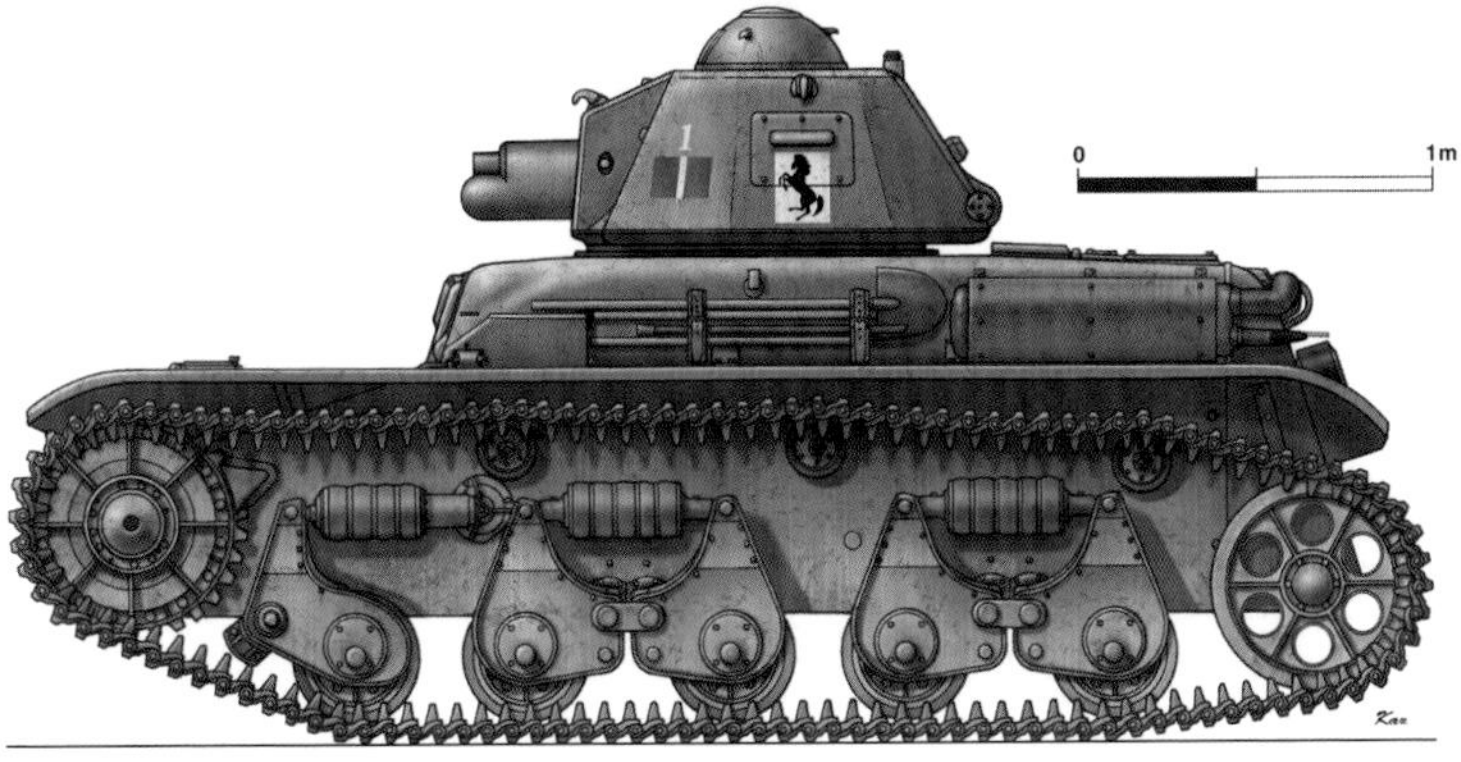

1943年春、シチリア島防衛に展開したイタリア陸軍第131歩兵戦車連隊第101戦車大隊第1中隊1小隊所属の1号車。車体はオリーブグリーン単色に塗られ、砲塔には白い四角ベースに黒い跳ね馬の第1中隊マークが描かれている（「シチリアに散った旧式軽戦車たち」参照）

【ルノー R35 軽戦車】

全長:4.02m、全幅:1.87m、全高:2.13m、重量: 10.6トン、懸架方式:水平ラバー・スプリング式、エンジン:ルノー447型直列4気筒液冷ガソリン（82馬力）、最高速度:20km/h（路上）、航続距離:130km（路上）、武装:21口径37mmSA18戦車砲（100発）×1および7.5mmMAC31機関銃×1（2,400発）、装甲厚:最大40mm、乗員:2名

1943年7月、シチリア島に展開した第10突撃砲部隊に配備されたM41 90/53型セモベンテ（自走砲）。車体はサンドイエローとブラウン、グリーンの3色迷彩で塗られ、防盾側面にはシルエットを模した白い部隊章が描かれている（「シャーマン戦車を迎え撃て！―M41 90/53型自走砲の戦い」参照）

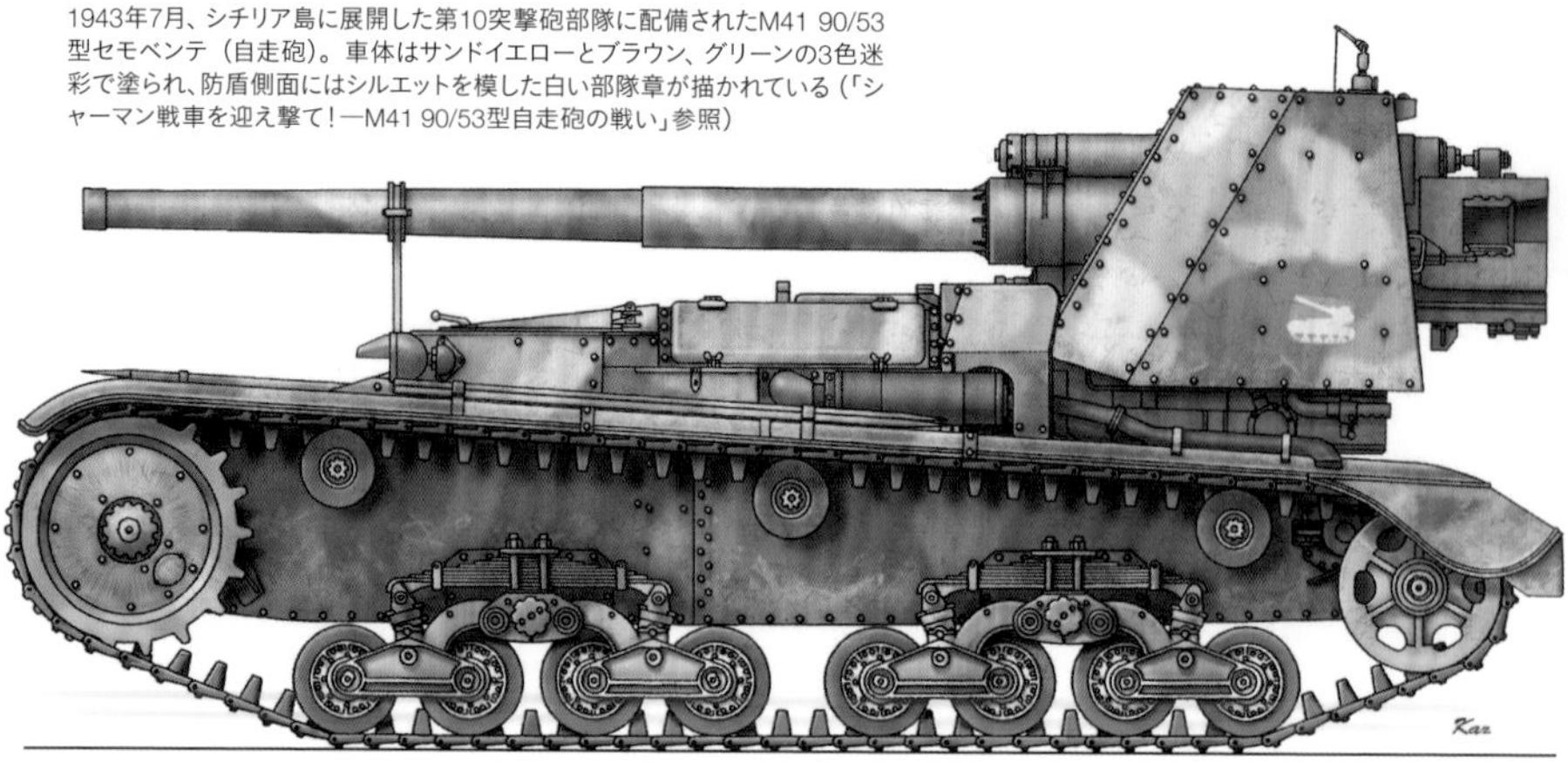

【M41 90/53 型自走砲】

全長:5.80m、全幅:2.28m、全高:2.30m、重量:15.7トン、エンジン:フィアットSPA15T M41水冷V型8気筒ディーゼルエンジン（145馬力）、最高速度:25km/h（路面）／10km/h（不整地）、航続距離:150km（路面）／90km（不整地）、武装:90/53型砲、装甲厚:6～30mm、乗員:4名

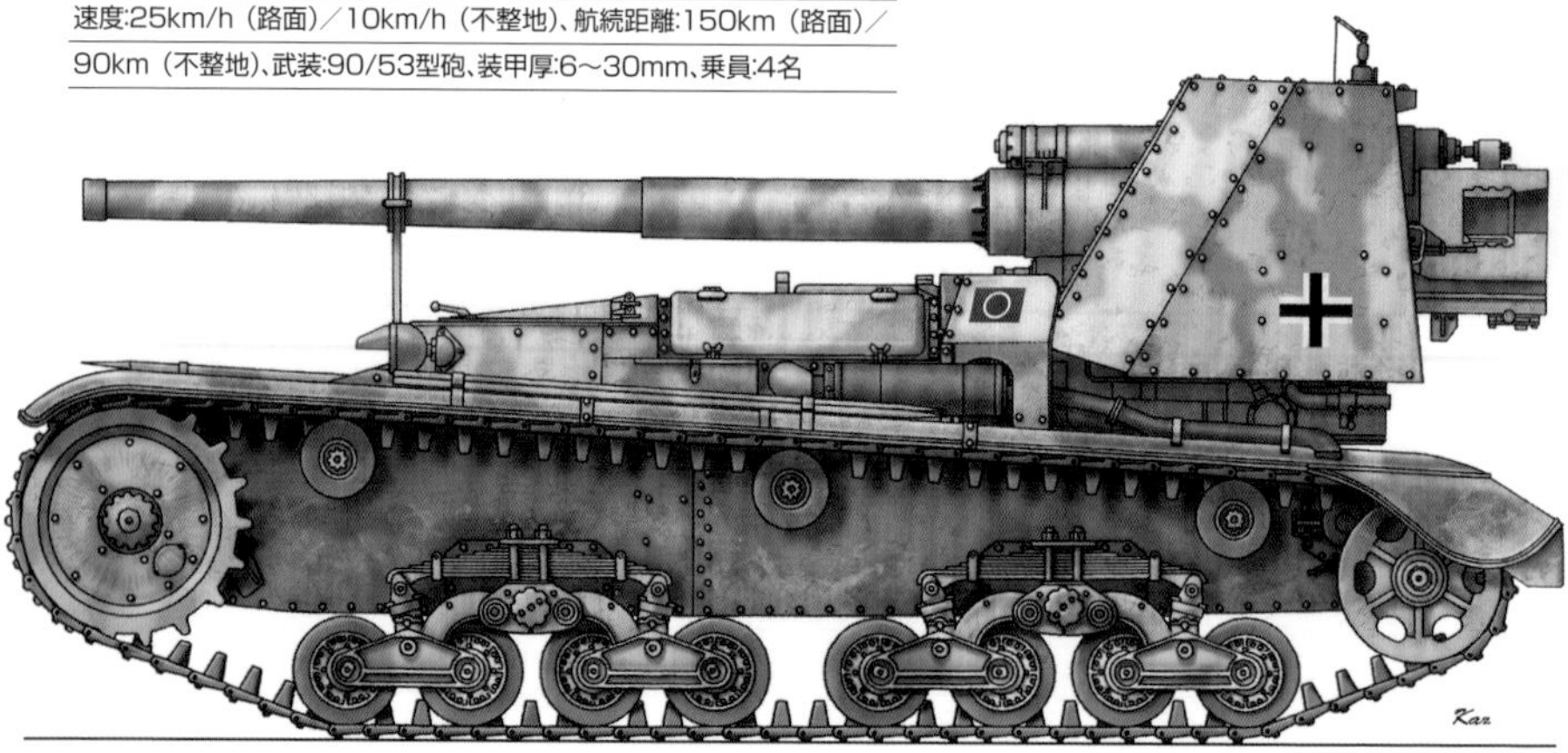

1944年初頭、ラツィオ州に展開していたドイツ国防軍第26装甲師団の第26装甲連隊本部所属のM41 90/53型自走砲。車体はダークイエローとダークグリーンの2色迷彩で塗られ、防盾側面にはドイツ軍の十字章が、消音器上の装甲板には黒い四角に白線円という同師団のマークが見える（「シャーマン戦車を迎え撃て！―M41 90/53型自走砲の戦い」参照）

第1ベルサリエリ師団『イタリア』の兵員募集ポスターと同じ絵柄の絵葉書、下にムッソリーニ統帥のメッセージが見える。こうした正規師団のドイツ国内での編成と再訓練をイタリアに残った義勇兵部隊が支えたのであった（戦場に散った羽根飾りと義勇兵―ベルサリエリ部隊『ベニート・ムッソリーニ』参照）

「そして君は何をする？」と見る者に問いかける、ベルサリエリ兵と肩を組むドイツ軍兵士を描いたR.S.I.軍の兵員募集ポスター（戦場に散った羽根飾りと義勇兵―ベルサリエリ部隊『ベニート・ムッソリーニ』参照）

ロシア戦線を思わせる前線に立つドイツ警察部隊兵士のプロパガンダポスター。第二次大戦が始まると秩序警察は親衛隊（SS）組織に併合される形で、占領地の治安維持活動に従事した（「ドイツ人」にされたイタリア人治安部隊―SS警察連隊『ボーゼン』参照）

第1義勇ベルサリエリ大隊『ベニート・ムッソリーニ』の兵士。かぶり式の防風ヤッケの襟章には金属製の小型の髑髏章が、左胸には大型の髑髏章を義勇兵章と共に着用している。M33型ヘルメットの右側面に専用ホルダーと共に羽根飾り（ピューメ）を付けているが、これは礼装用の羽根数の多いタイプで野戦用にはもっと小型のタイプも支給された。右手にベレッタM38型短機関銃を腰のベルトにM38型銃剣を差しているが、専用のマガジンポーチは付けていない（戦場に散った羽根飾りと義勇兵―ベルサリエリ部隊『ベニート・ムッソリーニ』参照）

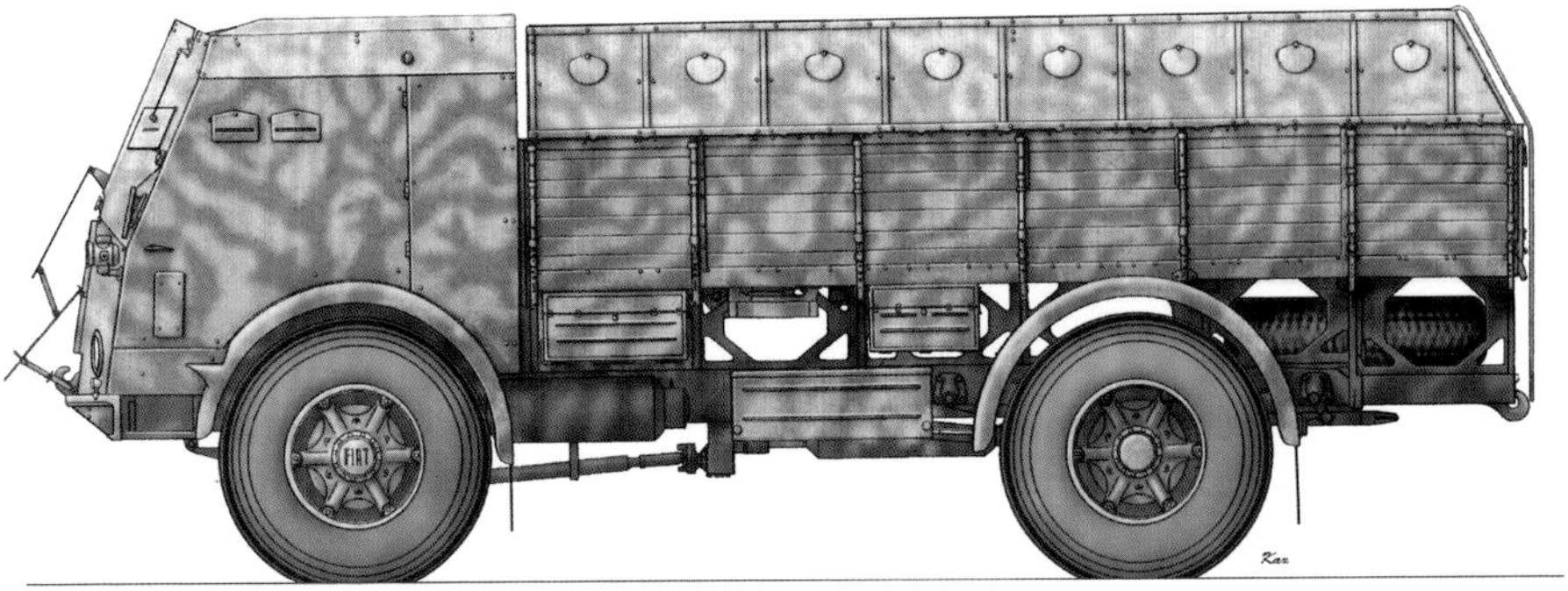

【フィアット665NM型兵員輸送車】

全長:7.35m／全幅:2.67m／全高:2.73m／重量:9.0トン／エンジン:フィアット366型6気筒9,365ccディーゼルエンジン（110馬力）／最高速度:57km/h（路面）／航続距離:390km（路面）／装甲厚:4.5～7.5mm／乗員:2名+兵員20名

ドイツ警察連隊において、『ボーゼン』連隊のフィアット626型ベースと共に1944年のOZAK戦区で使用された、フィアット665NM型トラック改造の装甲兵員輸送車。ダークイエローにダークグリーンの網目状迷彩が施されている。運転席キャビンや側面に銃眼の付いた荷台は、平らな装甲板を張り合わせた構造で生産性は高かった（「ドイツ人」にされたイタリア人治安部隊―SS警察連隊『ボーゼン』参照）

ベレッタ38型短機関銃を構えた独立機動部隊の兵士肖像画。一般的にはボタン剥き出しでデチマ・マス部隊と似た造りの襟無しM41型野戦服に、黒い五角形ベースに赤いファシス章と小型髑髏章を組み合わせた襟章と、青く塗られた金属製部隊シールドを左腕に着用した。末期には一部にブルーグレー色で隠しボタンの襟無しM41型野戦服も支給されている（「内務省に所属したR.S.I.治安部隊『エットレ・ムーティ』」参照）

1944年に発行された『エットレ・ムーティ』独立機動部隊のプロパガンダ絵葉書。右上に同部隊のモットー“我々はこうした！”が書かれている（「内務省に所属したR.S.I.治安部隊『エットレ・ムーティ』」参照）

金属製部隊シールド（「内務省に所属したR.S.I.治安部隊『エットレ・ムーティ』」参照）

【L3/33（CV33）型快速戦車】

全長:3.2m、全幅:1.46m、全高:1.3m、重量:3.2トン、エンジン:4気筒フィアットCV3-005エンジン（43馬力）、最高速度:42km/h（路面）・15km/h（不整地）、航続距離:130km、武装:8mmブレダM14/35機関銃×2、装甲厚:車体前面14mm・車体上面6mm・車体側面8mm、乗員:2名

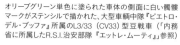

オリーブグリーン単色に塗られた車体の側面に白い髑髏マークがステンシルで描かれた、大型車輌中隊『ピエトロ・デル・ブッファ』所属のL3/33（CV33）型豆戦車（「内務省に所属したR.S.I.治安部隊『エットレ・ムーティ』」参照）

前合わせが隠しボタンのM41型襟無し空挺服に、赤い長方形襟章と金属製髑髏章を着用して、Kar 98k小銃を肩に担いだ『フォルリ』突撃大隊の兵士。独伊ミックスの軍装で、イタリア軍のM33型ヘルメットには偽装用の独軍ヘルメットネットが掛けられ、イタリア軍ベルトには独M24柄付き手榴弾が挟まれ、片側だけKar 98k小銃弾薬盒が付けられている（「ドイツ歩兵になった飛行兵―突撃大隊『フォルリ』」参照）

イタリア統一運動の英雄で、ローマ防衛で戦死したゴッフレード・マメーリ大尉の精神を称え、祖国の守りを唱えるRSI時代のプロパガンダ絵葉書。上にはスローガンとして、現在イタリア国歌としても知られる「マメーリの讃歌」の一節“イタリアの兄弟達、イタリアは目覚めた”が書かれている（「ドイツ歩兵になった飛行兵―突撃大隊『フォルリ』」参照）

1940年の開戦初期に発行された、マルタ島のヴァレッタ港を爆撃するSM.79型爆撃機を描いたプロパガンダ絵葉書。イタリア軍は参戦翌日から空爆を行っていた（「あの不沈空母を沈めろ！―マルタ島攻略作戦」参照）

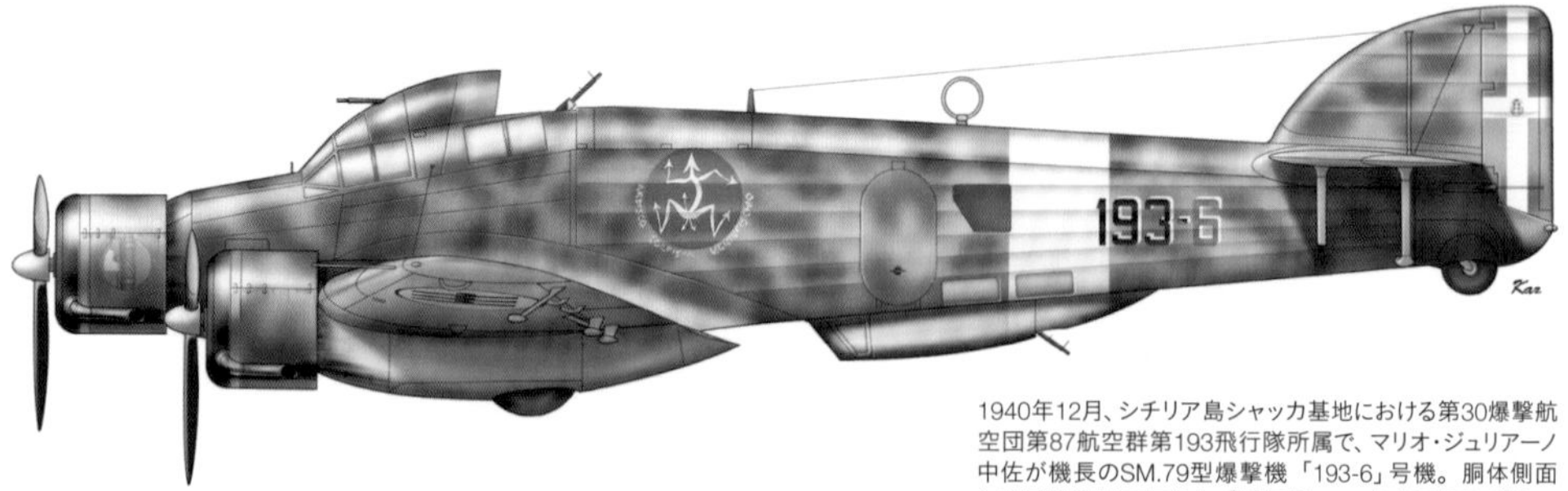

1940年12月、シチリア島シャッカ基地における第30爆撃航空団第87航空群第193飛行隊所属で、マリオ・ジュリアーノ中佐が機長のSM.79型爆撃機「193-6」号機。胴体側面には同飛行隊の有名な「電気男」マークが見える（「あの不沈空母を沈めろ！―マルタ島攻略作戦」参照）

IF41/SP型パラシュートを背負った完全装備の空挺兵の再現。この履き込み式M42型迷彩降下スモックの初期型は、それまでのグレー単色生地の上にM29型迷彩テント柄の赤茶と黄色の2色だけを刷ったもので、これは北アフリカやマルタ島での作戦を考慮した世界初の熱帯/砂漠迷彩パターンであった（Paolo Marzetti氏提供）（「あの不沈空母を沈めろ！―マルタ島攻略作戦」参照）

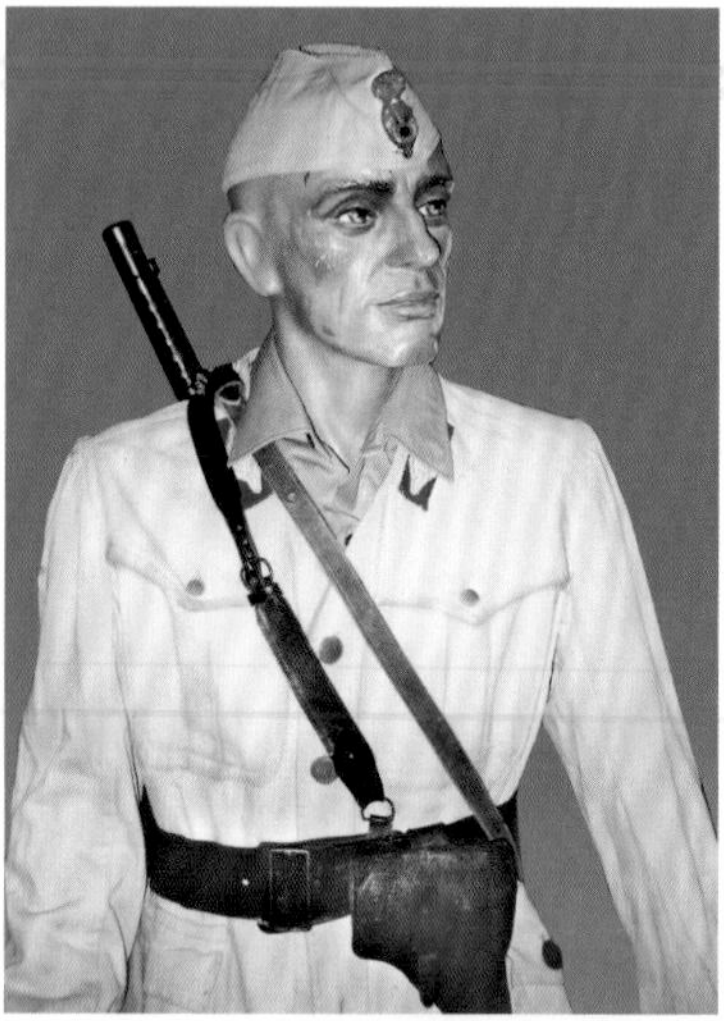

ピサ空挺学校博物館に展示されていたカーキ色の綿製M42型熱帯空挺服。基本的にはウール製M41型空挺服と似たデザインであるが、前合わせの4個ボタンが隠しから剥き出しになり、内装生地も大幅に省略された。またマネキンが被る空軍のM28型熱帯略帽は、北アフリカ戦線において『フォルゴレ』師団でも着用が確認できる（「あの不沈空母を沈めろ！―マルタ島攻略作戦」参照）

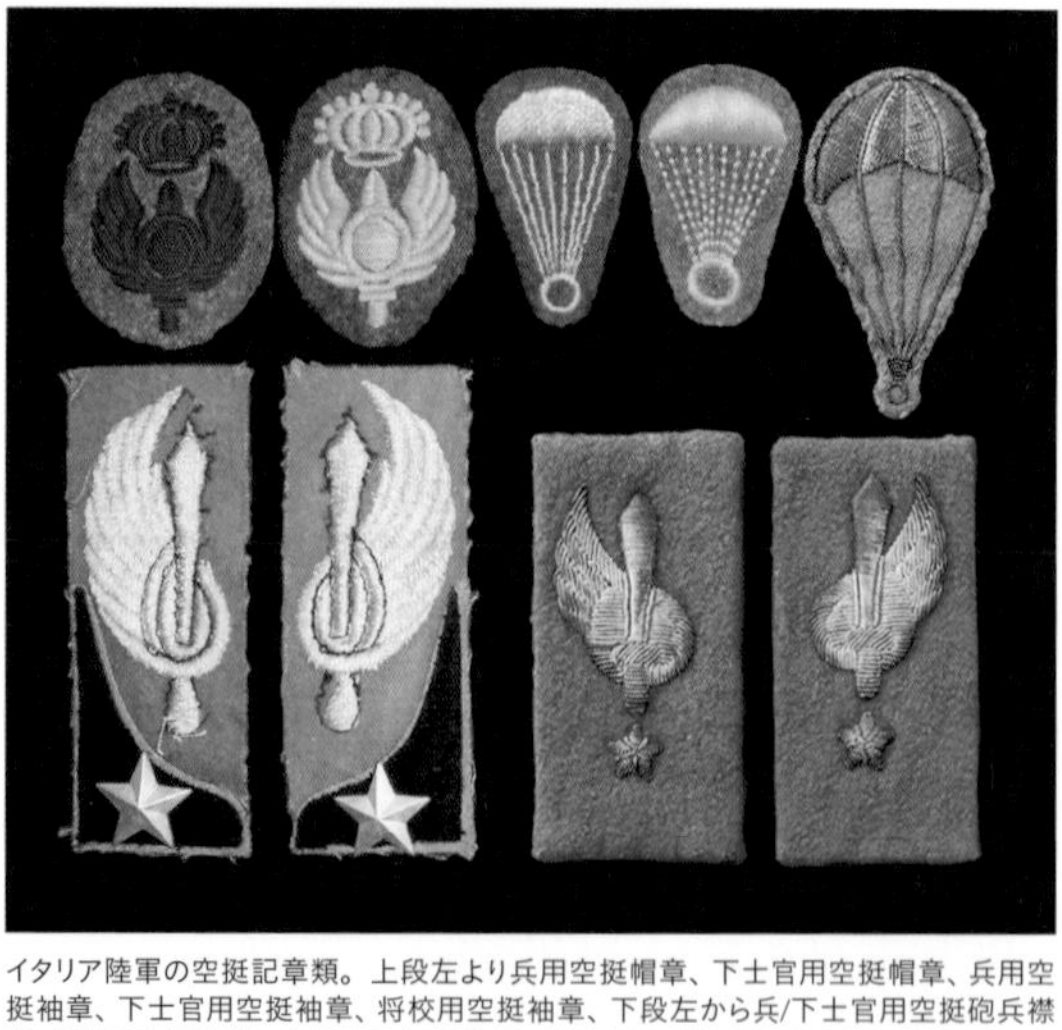

イタリア陸軍の空挺記章類。上段左より兵用空挺帽章、下士官用空挺帽章、兵用空挺袖章、下士官用空挺袖章、将校用空挺袖章、下段左から兵/下士官用空挺砲兵襟章、将校用空挺襟章。空挺章は左上腕部に付けられ、将校用記章は金糸刺繍であった（Luca Balducci氏提供）（「あの不沈空母を沈めろ！―マルタ島攻略作戦」参照）

元はイギリス陸軍第7王立戦車連隊所属で、その後マルタ島に展開した分遣戦車中隊所属の歩兵戦車マチルダII Mk.III型「グリフィン」号。デザートイエロー色ベースにダークブラウン色の網目模様が筆塗りされているが、これは植物が少なく道路や畑を縁取る石垣を模した迷彩パターンと推測される（「あの不沈空母を沈めろ！—マルタ島攻略作戦」参照）

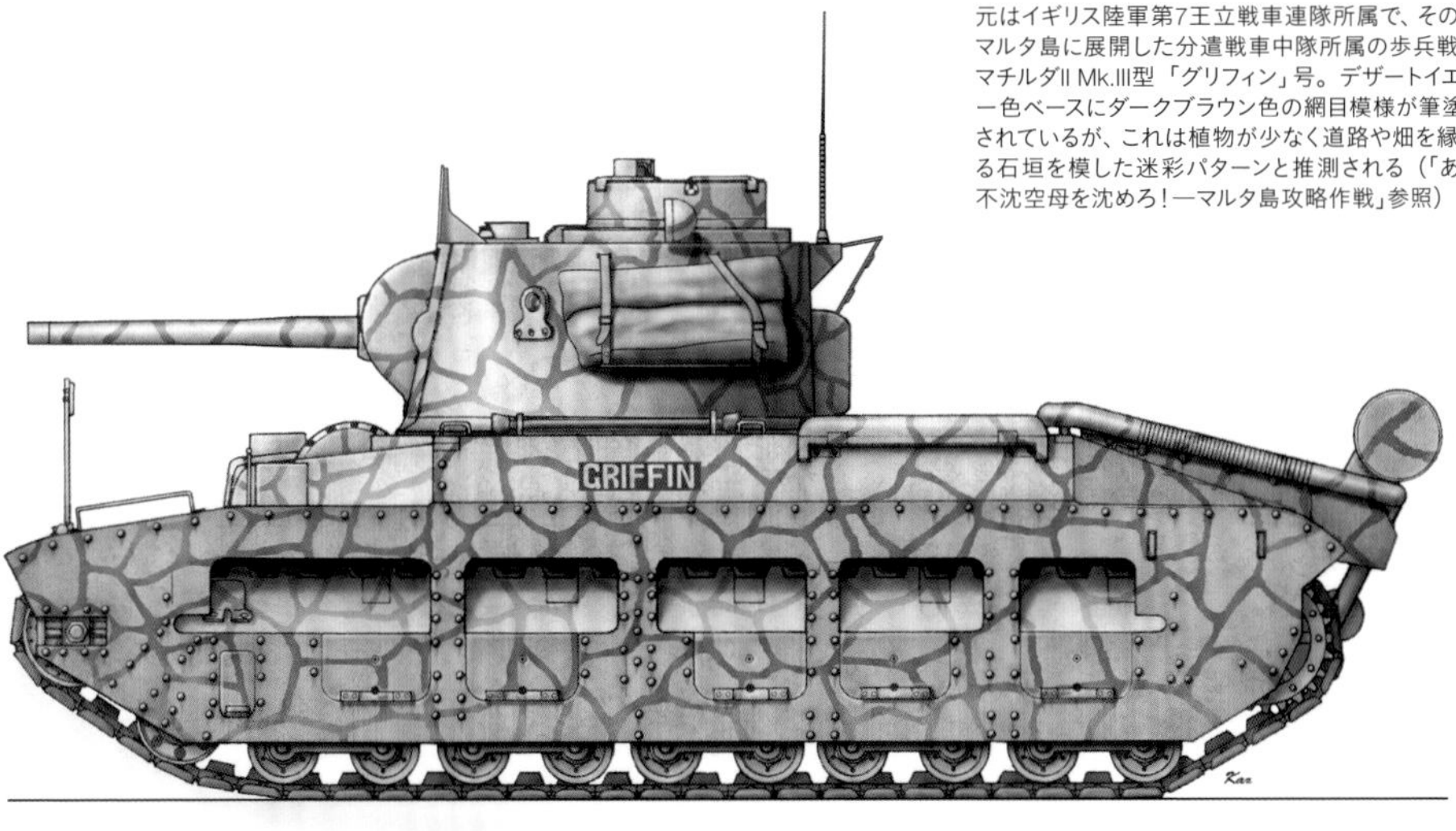

1940年夏、中東やエジプト、キプロス方面での作戦後、ギリシャ・ロードス島空港（現ディアゴラス国際空港）で駐機しているSM.79型爆撃機（奥）。手前で給油中の機体はカントZ.1007bis型爆撃機（「イタリア三発爆撃隊、中東の石油施設を爆撃せよ！」参照）

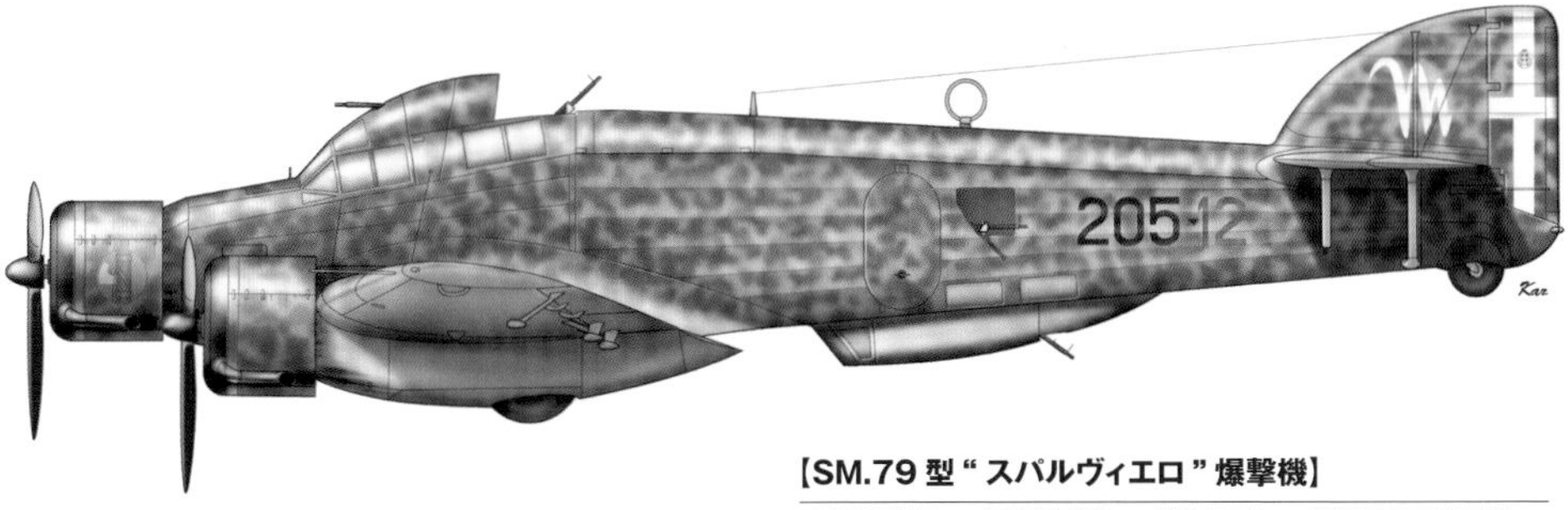

1940年7月、第12爆撃航空団第41航空群第205飛行隊所属のSM.79型爆撃機「12」号機。同航空群司令のエットレ・ムーティ中佐の搭乗機で、垂直尾翼にはムッソリーニ統帥を意味する"M"の頭文字が白く描かれている（「イタリア三発爆撃隊、中東の石油施設を爆撃せよ！」参照）

【SM.79 型 " スパルヴィエロ " 爆撃機】

全長:15.63m、全幅:21.20m、全高:4.60m、全備重量:10,800kg、エンジン出力:750馬力×3、最大速度:430km/h（高度4,000m）、航続距離:1,900km、武装:12.7mmブレダSAFAT機関銃×3、7.7mmブレダSAFAT機関銃×2、乗員:6名

バーレーン攻撃で使用されたSM.82型三発爆撃機“マルスピアーレ”（有袋類）。全長はSM.79型より7m以上長い22.90mで、全幅も8m以上大きい29.68mもあった。戦後、1960年代まで輸送機として使用されている（「イタリア三発爆撃隊、中東の石油施設を爆撃せよ！」参照）

1940年の開戦初期に発行された、北アフリカ・エジプトの石油貯蔵施設を爆撃するSM.79型を描いたプロパガンダ絵葉書。イタリア軍は当初から英軍側への石油供給の妨害を行っていた（「イタリア三発爆撃隊、中東の石油施設を爆撃せよ！」参照）

1939年、スペイン・ポッレンサ港にてクレーンで地上に揚げられて整備を受ける、義勇航空団所属のカントZ.506B型水上機。尾翼に同航空団の黒いX字マークが見え、右下に予備のフロートが積まれている（「飛べ！ゲタ履き爆撃隊─Z.506水上爆撃機隊」参照）

洋上で翼を休める第146海上偵察飛行隊所属の2機のZ506B型水上機。胴体側面の7.7mmブレダSAFAT機関銃の銃座は、1940年11月にアグスタ社で改修/増設された（「飛べ！ゲタ履き爆撃隊─Z.506水上爆撃機隊」参照）

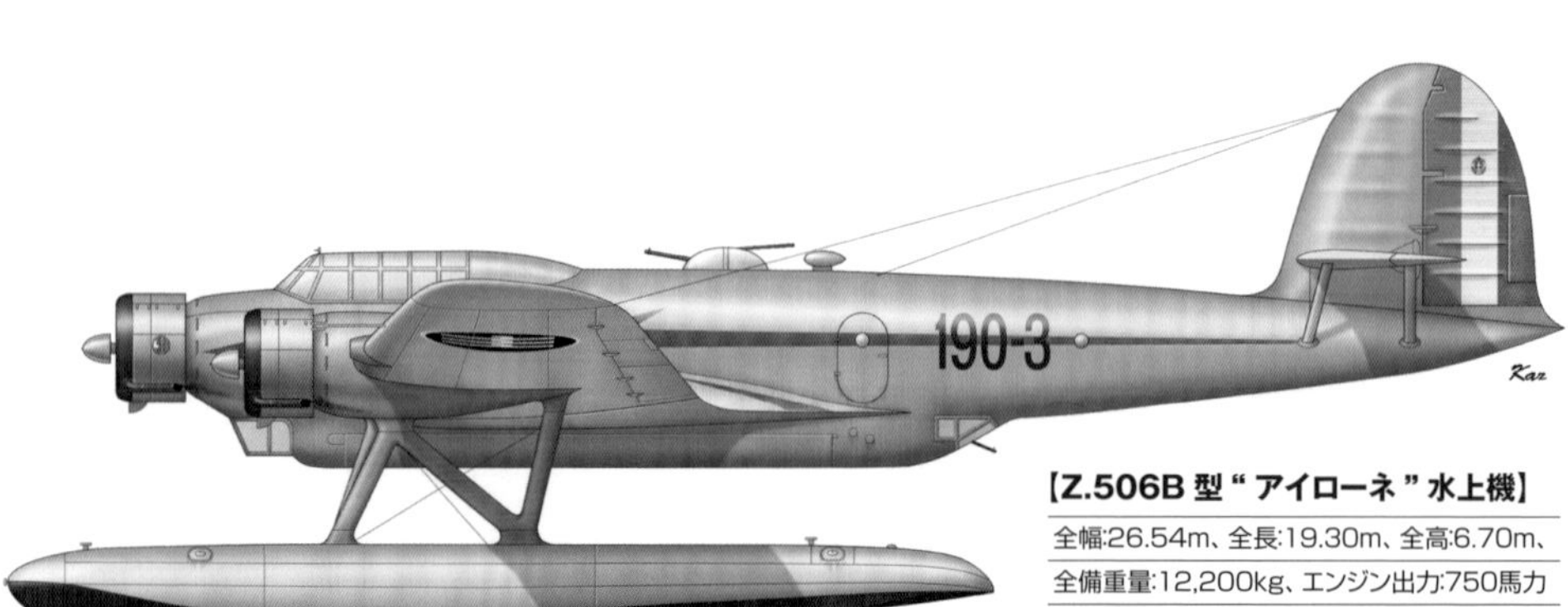

第35爆撃航空団第86航空群所属のカントZ.506B型水上爆撃/雷撃機。機体全体は銀色に塗られ、味方識別用に主翼上面に赤いストライプが斜めに描かれている（「飛べ！ゲタ履き爆撃隊─Z.506水上爆撃機隊」参照）

【Z.506B型“アイローネ”水上機】

全幅:26.54m、全長:19.30m、全高:6.70m、全備重量:12,200kg、エンジン出力:750馬力×3、最大速度:370km/h（高度4,000m）、実用上昇高度:8,000m、航続距離:2,300km、武装:12.7mmブレダSAFAT機関銃×1、7.7mmブレダSAFAT機関銃×2、爆弾:1,200kg（最大）または魚雷×1、乗員:5名

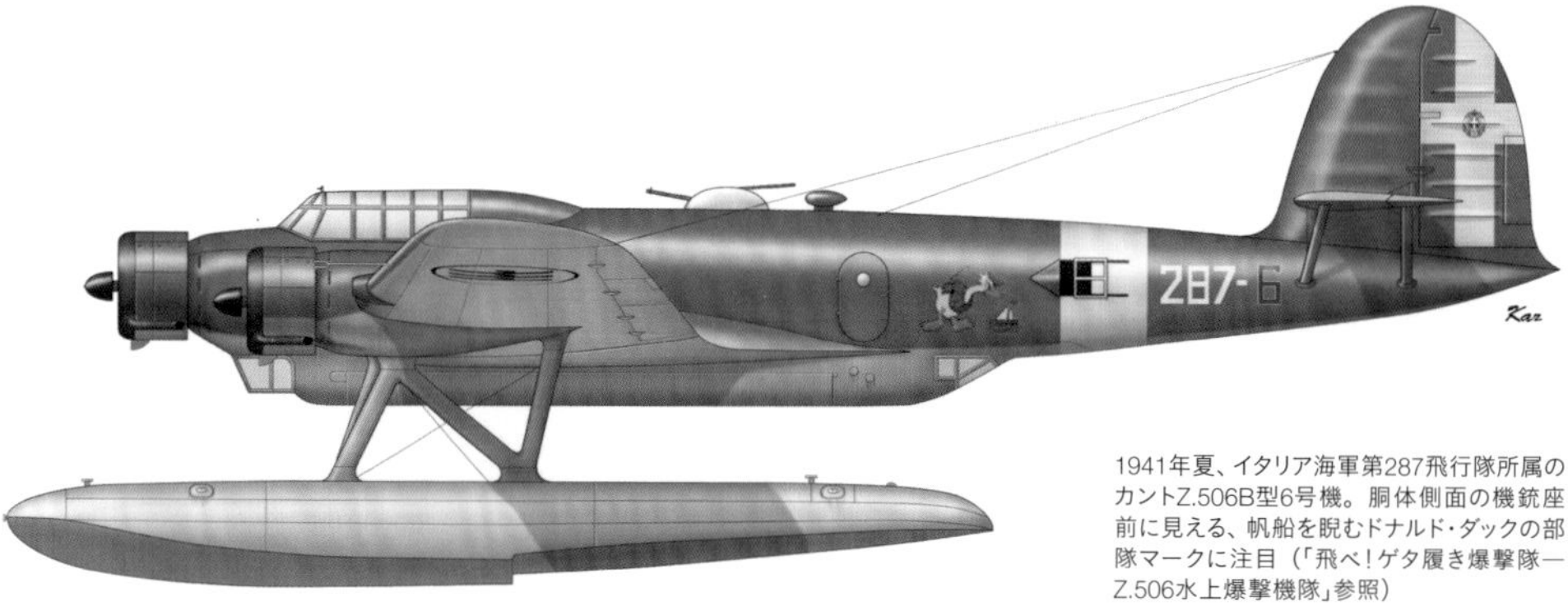

1941年夏、イタリア海軍第287飛行隊所属のカントZ.506B型6号機。胴体側面の機銃座前に見える、帆船を睨むドナルド・ダックの部隊マークに注目（「飛べ！ゲタ履き爆撃隊―Z.506水上爆撃機隊」参照）

【F.5 型戦闘機 増加試作シリーズ】

全長:7.90m、全幅11.30m、全高:3.00m、全備重量:2,238kg、エンジン出力:840馬力、最大速度:496km/h（高度4,750m）、航続距離:440km、武装12.7mmブレダSAFAT機関銃×2（機首下側面）、乗員:1名

1943年、第51航空団第167独立航空群第300飛行隊所属のF.5型増加試作機。開放式操縦席を持つ機体は夜戦用に黒く塗られ、主翼には国籍マークが無かった（「白鳥を目指したアヒル達―イタリア試作戦闘機群」参照）

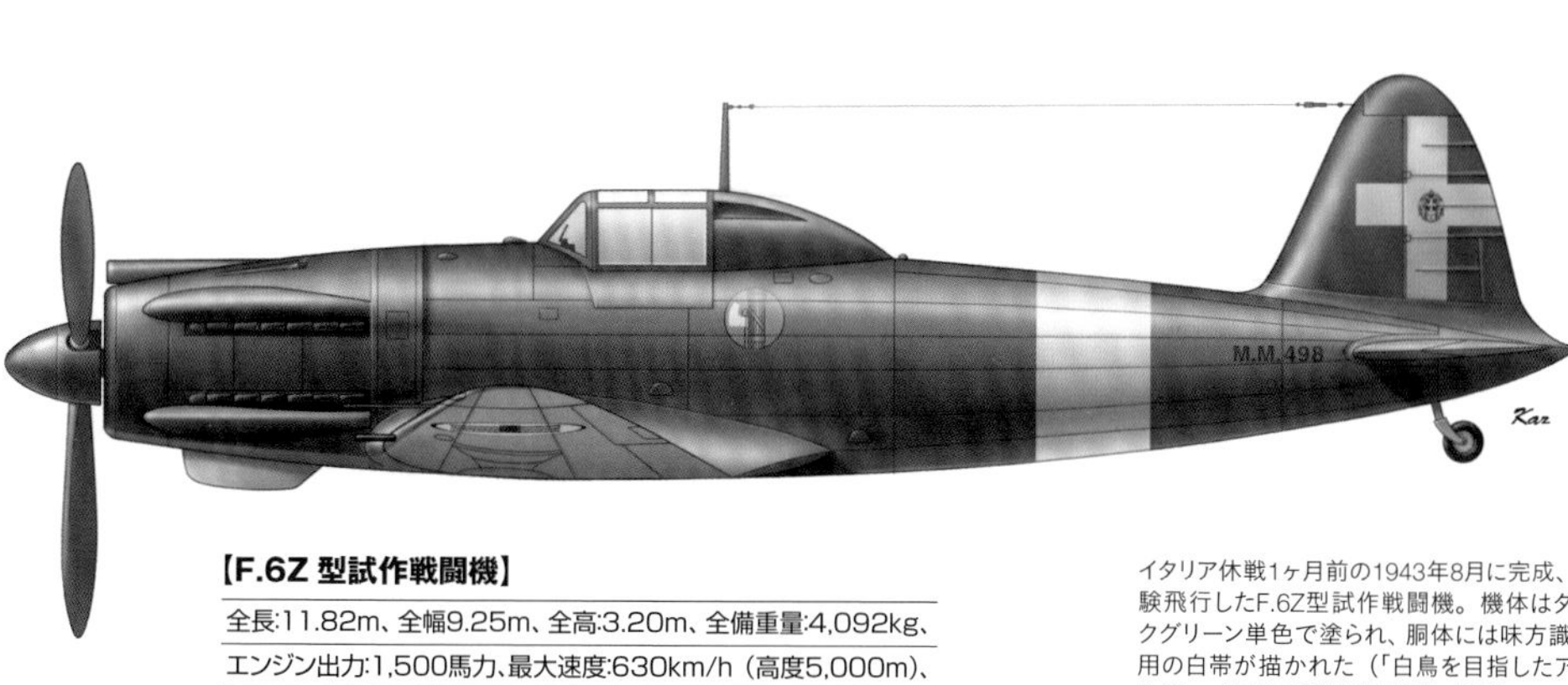

【F.6Z 型試作戦闘機】

全長:11.82m、全幅9.25m、全高:3.20m、全備重量:4,092kg、エンジン出力:1,500馬力、最大速度:630km/h（高度5,000m）、航続距離:1,370km、武装12.7mmブレダSAFAT機関銃×4（機首×2および左右翼内×2）、乗員:1名

イタリア休戦1ヶ月前の1943年8月に完成、試験飛行したF.6Z型試作戦闘機。機体はダークグリーン単色で塗られ、胴体には味方識別用の白帯が描かれた（「白鳥を目指したアヒル達―イタリア試作戦闘機群」参照）

第22航空群と後退して東部戦線派遣の任務に就いた、第21独立戦闘航空群第386飛行隊所属のMC.200型。胴体にも味方識別用に黄色帯を巻いている（「極寒の空に光った稲妻―ロシア戦線のマッキ戦闘機」参照）

東部戦線に到着したMC.200型戦闘機“サエッタ”。空冷エンジンの機首は、味方識別用に黄色く塗られている（「極寒の空に光った稲妻―ロシア戦線のマッキ戦闘機」参照）

『ロシア戦線イタリア軍』への再編成と共に東部戦線に到着した、第71空中観測航空群第38飛行隊所属のCa.311型双発偵察機。右奥にS.81型三発輸送機が見える（「極寒の空に光った稲妻―ロシア戦線のマッキ戦闘機」参照）

1943年初頭、本国帰還前に東部戦線ボロシロフグラードに展開する第21独立航空群所属のMC.200型。段階的にスターリノやオデッサへの撤退を始めた歴戦の機体は、既に汚れて味方識別の黄色塗装も剥げている（「極寒の空に光った稲妻―ロシア戦線のマッキ戦闘機」参照）

【MC.200“ サエッタ ”戦闘機】

全長:8.19m、全幅:10.58m、全高:3.51m、全備重量:2,533kg、エンジン:フィアットA74 RC38型空冷星型14気筒（870馬力）、最大速度:503km/h（高度4,500m）、航続距離:870km、武装:ブレダ12.7mm機関銃×2、爆弾:50～150kg爆弾×2、乗員:1名

1941年9月、クリヴォイ・ログ基地における第22独立戦闘航空群第369飛行隊所属のMC.200型、ジュゼッペ・ビロン少尉機。味方識別用に機首と左右翼端下面、胴体帯を黄色く塗っている。“ベピ”のあだ名で呼ばれた同少尉が考案した案山子（かかし）マークのパイプからは、スペイン派遣の義勇飛行隊『ラ・クカラーチャ』マークと同じ赤い星が描かれた（「極寒の空に光った稲妻―ロシア戦線のマッキ戦闘機」参照）

1942年10月、ドン河に近いカンテミロフカ基地に展開した第21独立戦闘航空群第386飛行隊所属のMC.202型1号機。この第6生産シリーズのMM8122号機は、ブレダ社製を示すパターン特徴の迷彩塗装で塗られ、尾翼には弓を構えたチェンタウロ（半人半馬）の同航空群マークが見える（「極寒の空に光った稲妻―ロシア戦線のマッキ戦闘機」参照）

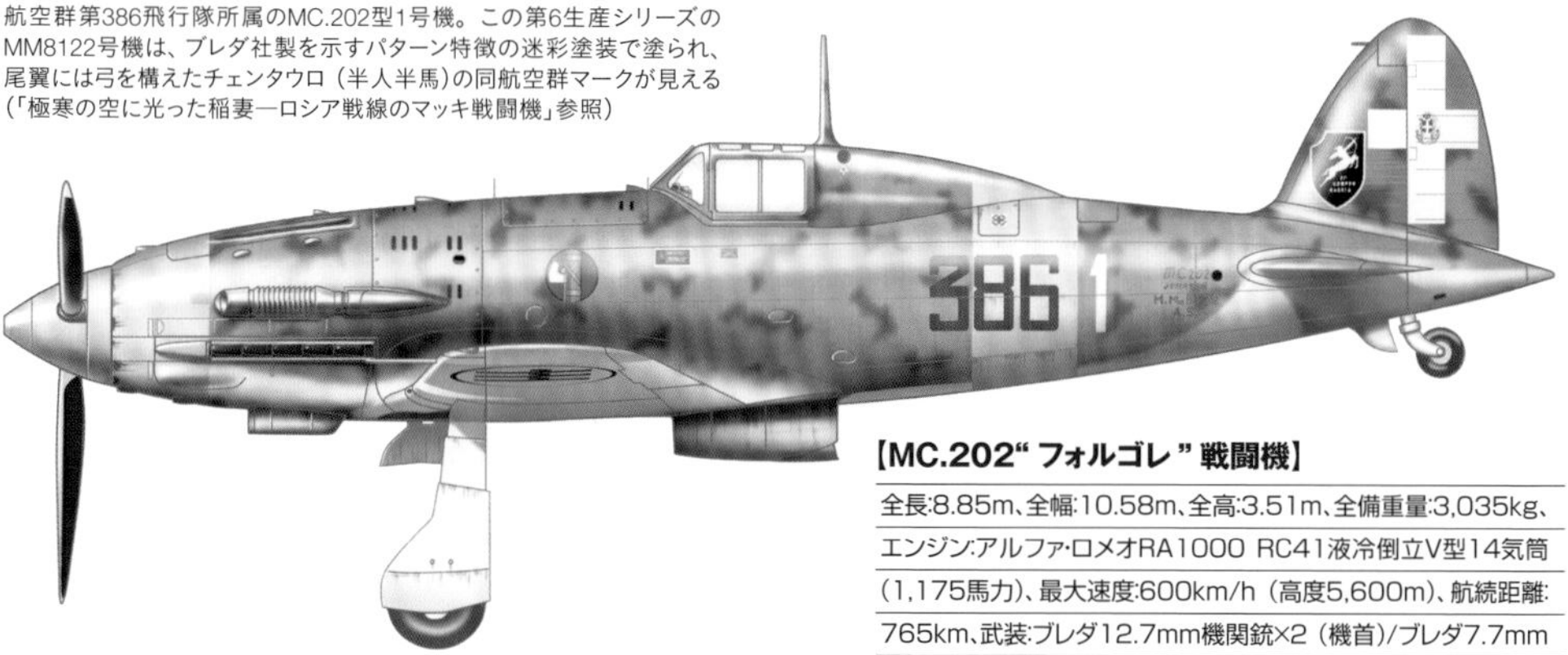

【MC.202“フォルゴレ”戦闘機】

全長:8.85m、全幅:10.58m、全高:3.51m、全備重量:3,035kg、エンジン:アルファ・ロメオRA1000 RC41液冷倒立V型14気筒（1,175馬力）、最大速度:600km/h（高度5,600m）、航続距離:765km、武装:ブレダ12.7mm機関銃×2（機首）/ブレダ7.7mm機関銃×2（翼内）、爆弾:160kg×2、乗員:1名

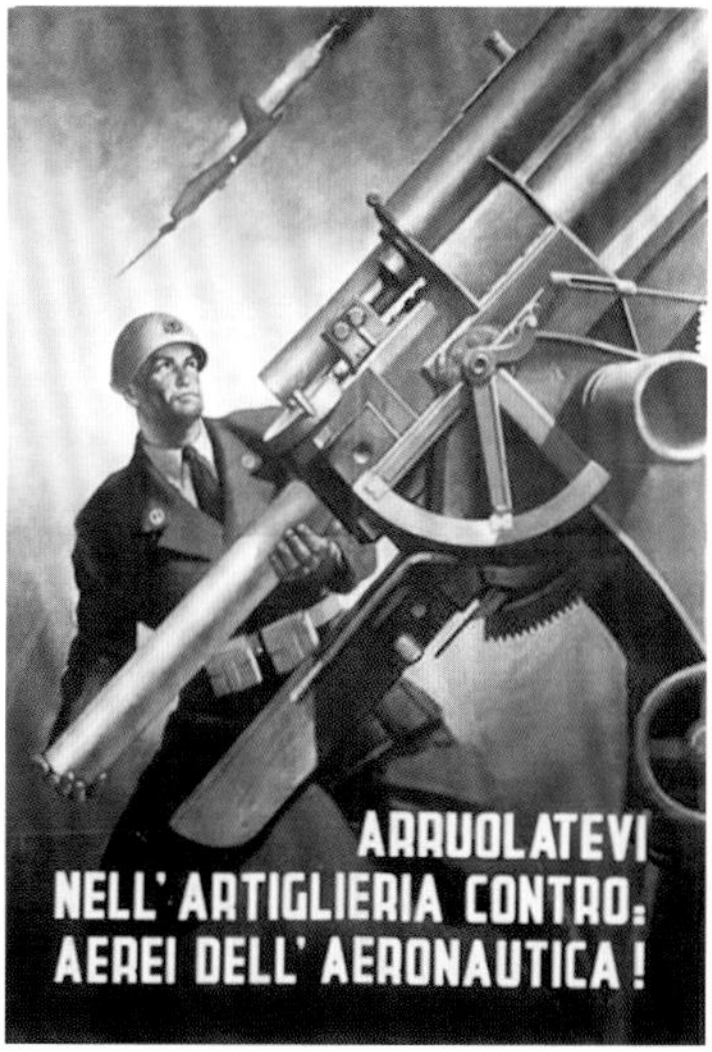

対空砲部隊への入隊を呼び掛けたイタリア社会共和国空軍（A.N.R.）ポスター。独8.8cm高射砲に装填する兵士の襟には、R.S.I.軍のグラディオ（短剣）とリースを組み合わせた金属章が見える（「イタリア最強の戦闘機隊―G.55型戦闘機“チェンタウロ”」参照）

1941年のリビア・キレナイカの基地で、作戦終了後にキャンティ・ワインで祝う第352飛行隊の操縦士とG50型戦闘機。太く短い機首にフィアット製A74 RC38型14気筒空冷エンジン（840馬力）を搭載している（「イタリア最強の戦闘機隊―G.55型戦闘機“チェンタウロ”」参照）

1944年、ミラノ・ブレッソ基地における第Ⅱ戦闘航空群第2飛行隊所属のG.55型。機首には元第3戦闘航空群から受け継がれた“赤い悪魔”のマークが見える（「イタリア最強の戦闘機隊―G.55型戦闘機“チェンタウロ”」参照）

1944年3月、トリノ北方のヴェナーリア・レアレ基地に展開した『モンテフスコ』補助飛行隊長ジョヴァンニ・ボネ大尉のG.55型0シリーズ“黄の8”号機。垂直尾翼には、荒く消されたドイツの鉤十字がわずかに見える。初期生産型の同機は、プロペラ軸内の20mm機関砲はそのままで、両翼内の武装が無い代わりに機首上下に12.7mm機関銃を計4挺搭載した（「イタリア最強の戦闘機隊―G.55型戦闘機“チェンタウロ”」参照）

1944年5月、北イタリア・パビア南方のカッシーナ・ヴァーガ基地に展開した第Ⅱ戦闘航空群第1飛行隊（後に第4飛行隊）『ジジ・トレ・オセイ』飛行隊長、ウーゴ・ドラーゴ大尉のG.55型第1シリーズ“黒の7”号機。サンドイエローとダークグリーン、ブラウンで特徴のある直線的な3色迷彩で仕上げられ、機首下面も味方識別用に黄色で塗られていた（「イタリア最強の戦闘機隊―G.55型戦闘機“チェンタウロ”」参照）

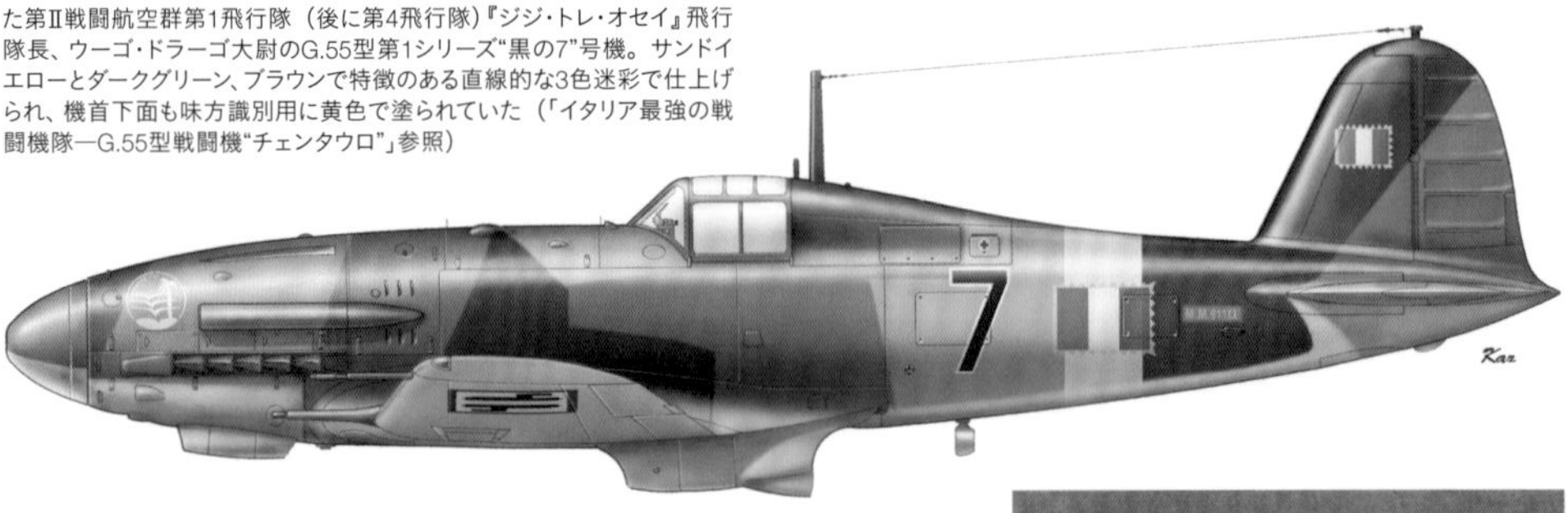

【G.55 型“チェンタウロ”戦闘機 第 1 シリーズ】

全長:9.37m、全幅11.85m、全高:3.13m、全備重量:3,720kg、エンジン出力:1,475馬力、最大速度:620km/h（高度7,400m）、実用上昇高度:12,700m、航続距離:1,650km、武装:ブレダSAFAT型12.7mm機関銃×2（機首）、MG151/20型20mm機関砲×3（左右両翼内とプロペラ軸内）、爆弾:320kg2発まで搭載可能、乗員:1名

敵潜水艦を搭載砲で撃沈するイタリア潜水艦を描いた、戦時中発行の絵葉書。艦砲射撃は普段は小型艦船への攻撃で行なわれたが、魚雷攻撃と組み合わされる事も多く中には「ダ・ヴィンチ」の様に7,000トン級輸送船を撃沈した例もあった（「知られざるイタリア潜水艦隊」参照）

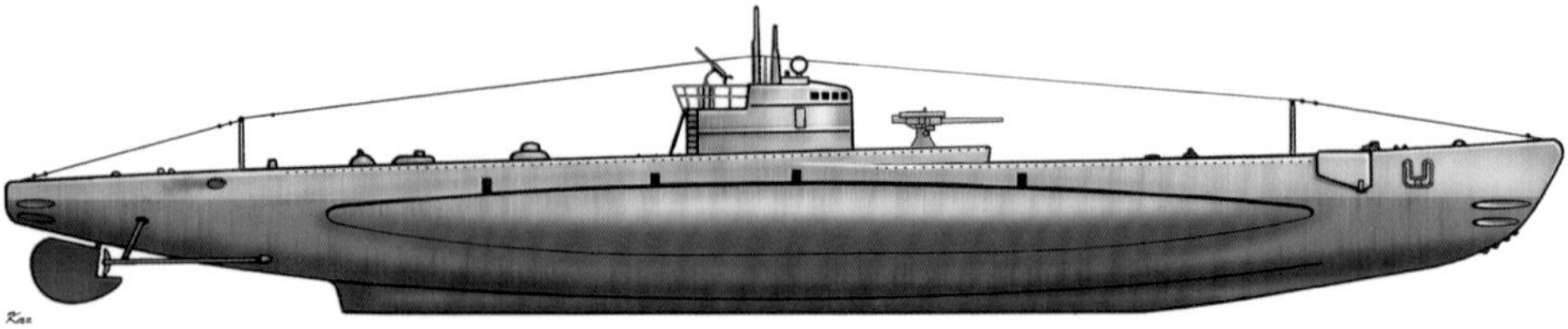

撃沈した総排水量ではイタリア海軍第1位の戦果を挙げた「レオナルド・ダ・ヴィンチ」。一時は主砲を外して、ポケット潜水艦CA2型改による米ニューヨーク、ハドソン湾攻撃作戦の母艦にも改造されている（「知られざるイタリア潜水艦隊」参照）

【潜水艦レオナルド・ダ・ヴィンチ（マルコーニ級）】

全長:76.50m、全幅:7.90m、水中排水量:1,460トン、エンジン:CRDA式ディーゼルエンジン（3,250馬力）およびマレッリ式電気モーター（1,500馬力）、最高速度:18ノット（水上）および8ノット（水中）、航続距離:10,500浬（ディーゼルエンジン/8ノット航行）/110浬（電気モーター/3ノット航行）、武装:533mm魚雷発射管×艦首4+艦尾4、100mm砲×1、13.2mm機関銃×4、乗員:63名

1943年4月、極東航海への出港前のサン・ボン級大型潜水艦「アミラリオ・カーニ」。枢軸側の制空権も弱まった時期であり、吃水線上の船体にはダークグリーン色の迷彩塗装が施されている（「知られざるイタリア潜水艦隊」参照）

【イタリア軍兵器列伝】

■モト・グッチ「アルチェ」型軍用バイク
1940年頃、陸軍に配備されてダークグリーン単色で塗られた
モト・グッチ軍用バイク（「モト・グッチ軍用バイク」参照）

■ 508CM型「コロニアーレ」連絡車
1941年頃、ユーゴスラヴィア戦線における3色迷彩で塗られた
508CM型連絡車（「フィアット508CM連絡車」参照）

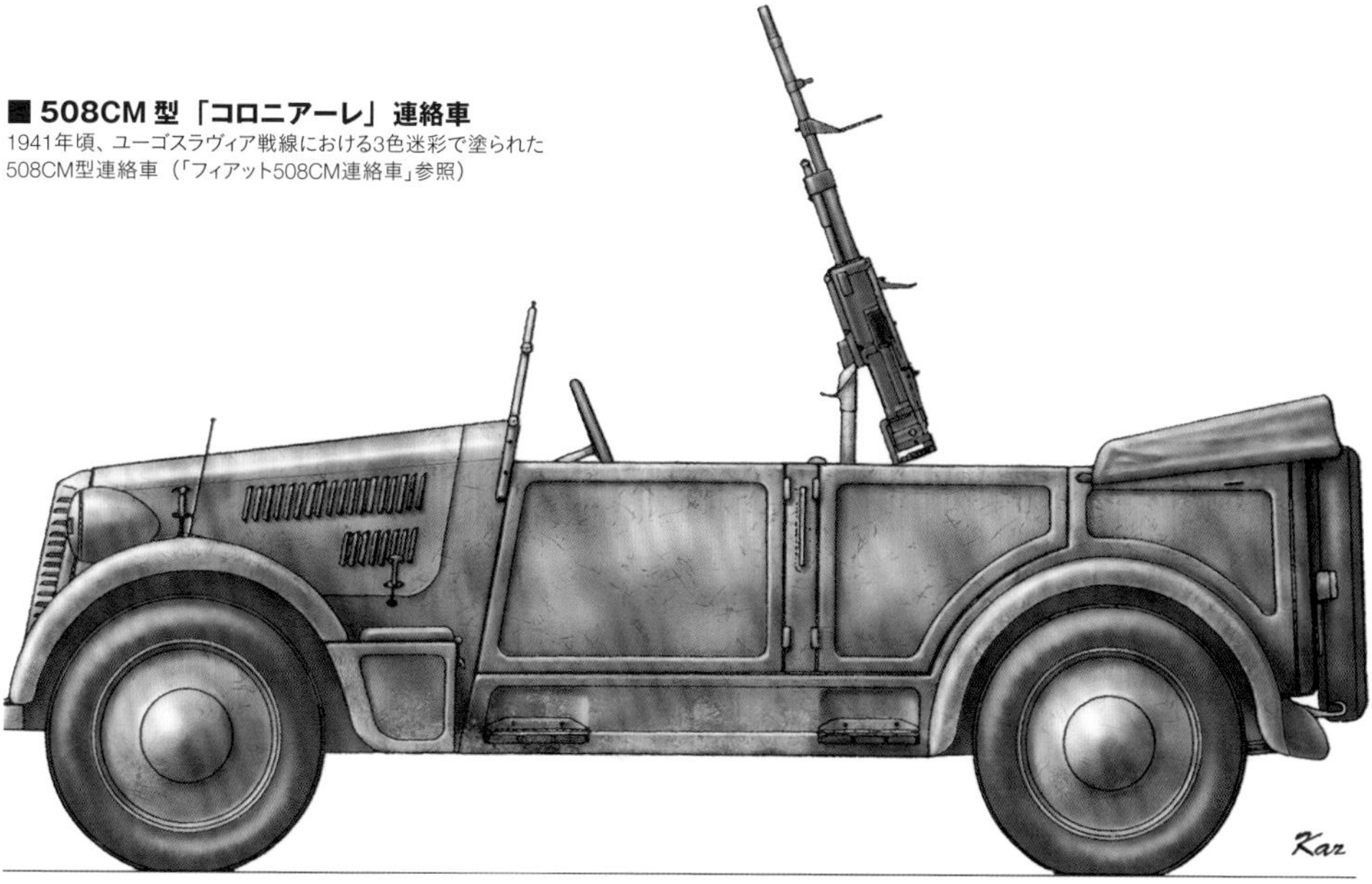

■ SPA 38 R 型汎用軽トラック

1930年代後半、イタリア陸軍に配備されたSPA 38 R型汎用軽トラック（「SPA 38 R軍用トラック」参照）

■ TM40 型砲牽引車

1942年頃、北アフリカ戦線の砲兵部隊所属のTM40型砲牽引車（「TM40型ガントラクター」参照）

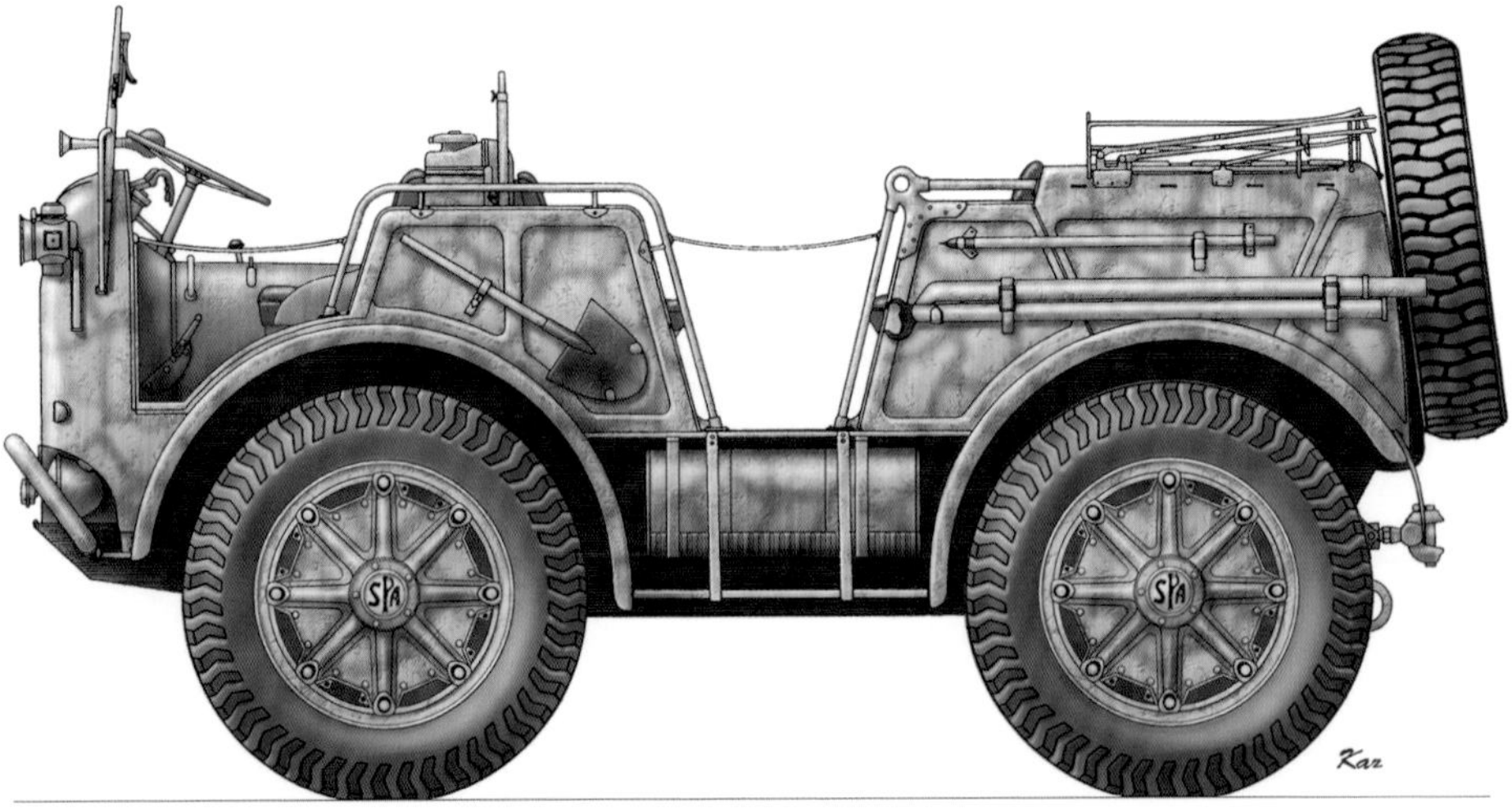

■リンチェ装甲車

1944年夏のミラノ、R.S.I.軍G.N.R.治安部隊所属のリンチェ装甲車（「リンチェ装甲車」参照）

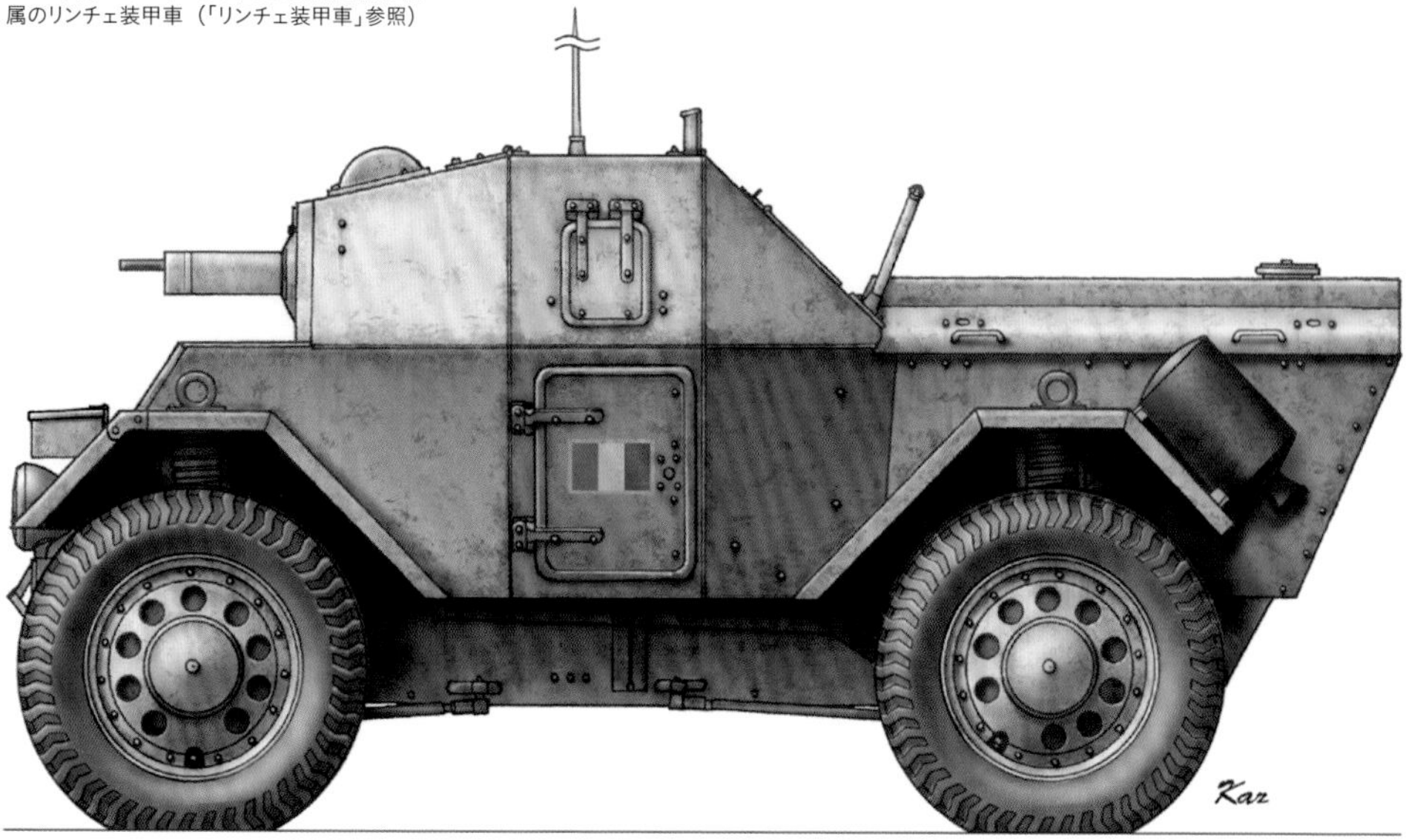

■ AS43 型装甲車

1944年後半、G.N.R.軍"M"装甲集団『レオネッサ』所属のAS43型装甲車（「AS43偵察車」参照）

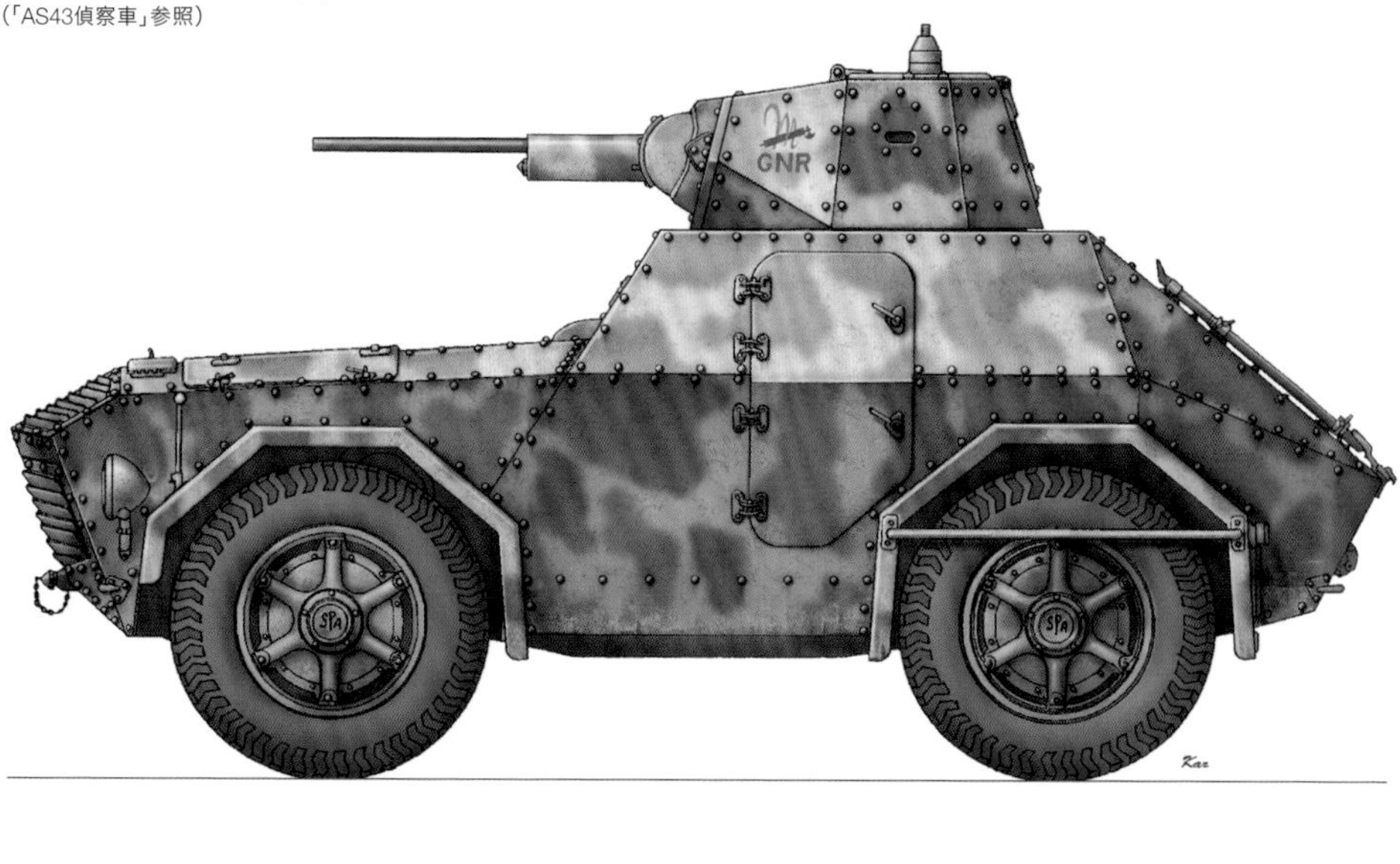

■ L40 47/32 型自走砲

1943年7月シチリア島、第230自走砲部隊所属のL40 47/32型自走砲（「L40 da 47/32セモヴェンテ」参照）

■ L40 47/32 型自走砲

1945年4月／スロベニア・チェルティヤ、所属部隊不明のドイツ軍車輌（「L40 da 47/32セモヴェンテ」参照）

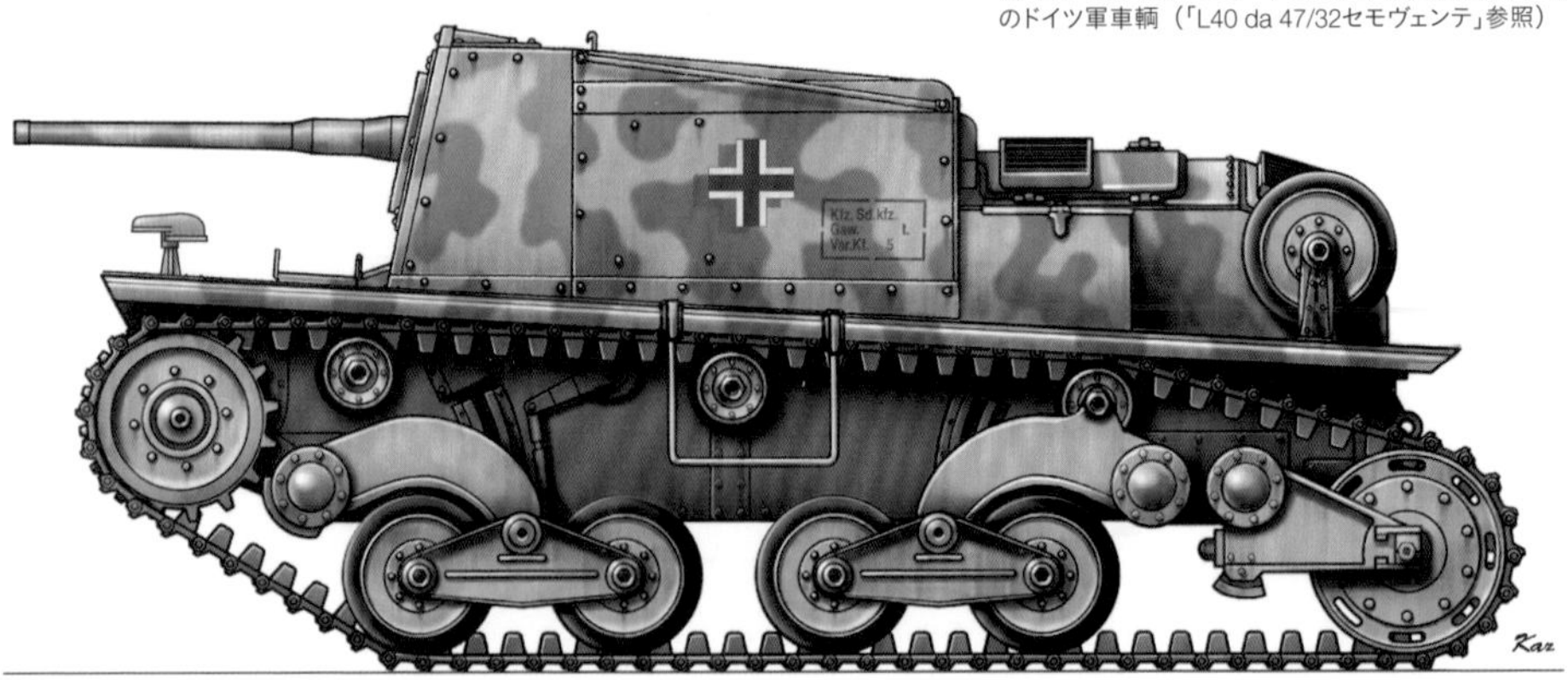

■ M16/43 型快速中戦車 「サハリアーノ」

1942年春、フィアット・アンサルド社で完成したM16/43型試作快速中戦車（「M16/43型サハリアーノ快速中戦車」参照）

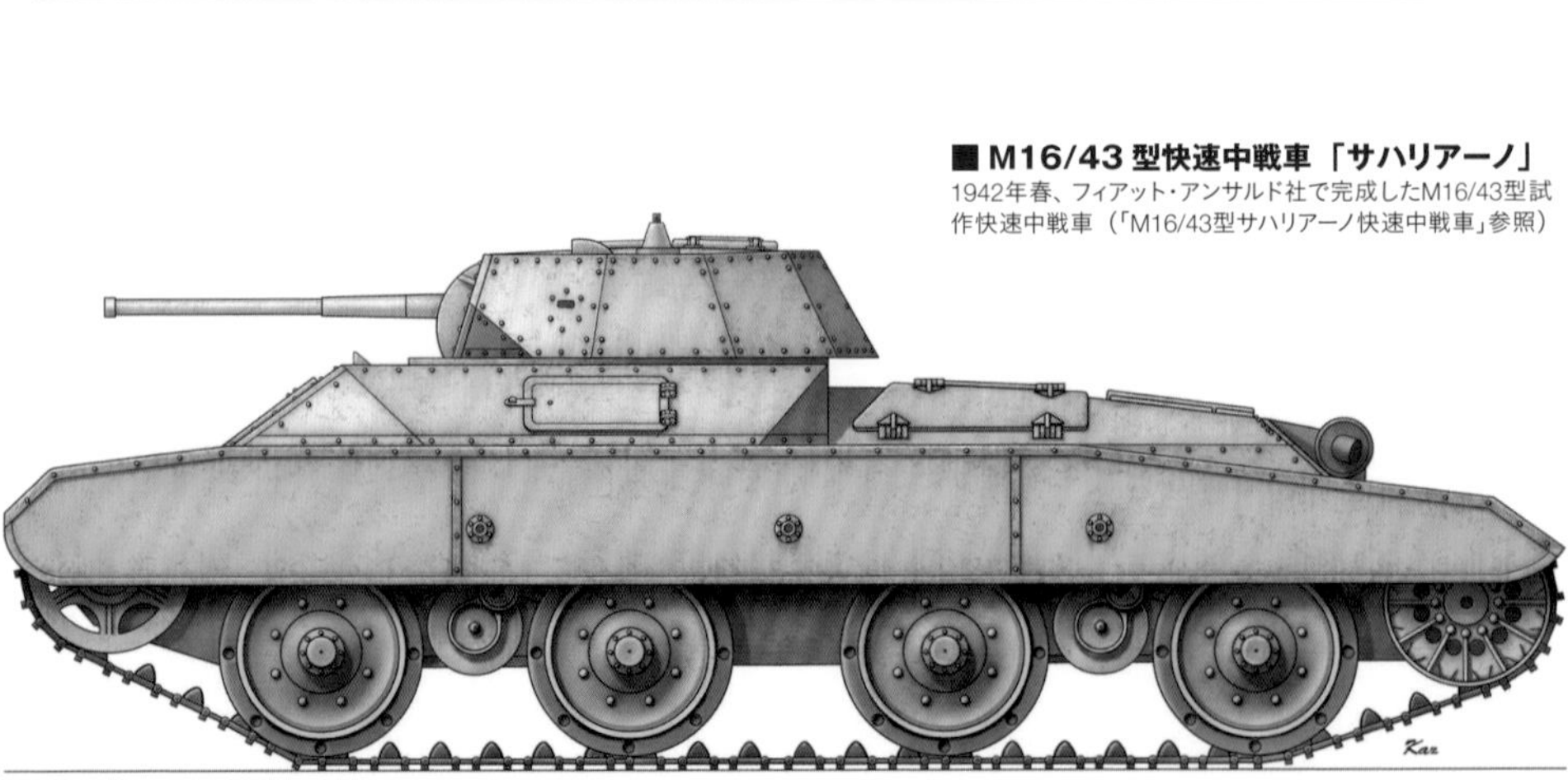

CONTENTS　目次

Benvenuti! とはイタリア語で「ようこそ、皆さん」の意味の間投詞。

はじめに

2006年に日本では初めての本格的なイタリア軍本となる「イタリア軍入門」をイカロス出版さんから共著で刊行してから、早くも17年が経過しました。その間に別のイタリア軍本やイタリアの豆戦車写真集を3冊上梓して、本書は私のイタリア軍本5冊目になります。

ネガティブなイメージが先行するだけで、その実態はほとんど知られていなかったイタリア軍ですが、お陰様でここ10年ぐらいは「ミリタリー・クラシックス」（イカロス出版）誌上の連載やそのまとめ本を通して、徐々にステレオタイプな読者イメージから脱却し始めています。それには私も監修で協力しているアニメ『ガールズ&パンツァー』で描かれたイタリアがモチーフのアンツィオ高校や戦車なども一役買っているのかも知れません。先日にも『ガールズ&パンツァー最終章第4話』が公開されて、またキャラクター達の活き活きとした姿が見られました。

それでもコアなミリタリーマニアを除いて、まだまだ世間での認知が低いイタリア軍。今回はライトな読者層へのアピールも狙って、明るく陽気なイタリア料理のイメージで装丁デザインも自分の手で行いました。「Benvenuti in Italia!」（皆さん、ようこそイタリアへ！）を合い言葉に、ファッションやグルメ、モータースポーツやトラベルなどお馴染みの「イタリア」に続いて、軍事史や兵器解説を通して別の側面をお伝えできればと思います。また、それはかつてイタリアのミラノに住み各地で多くのヴェテランと出会い、お世話になった方々への自分からの恩返しであり、同時に私のミッション（使命）だと言えるでしょうか。

例えば巻末の著者紹介には、以前に北イタリアのガルダ湖畔R.S.I.軍の慰霊の地で行われた

『デチマ・マス』部隊の慰霊祭とその後の昼食会に参加して、潜水コマンドであったルイジ・フェッラーロ氏と握手をする私の写真が掲載されています。同氏は、1943年夏にトルコ沿岸で行われたステッラ（星）作戦において一人で敵の輸送船を3隻撃沈したイタリア海軍潜水部隊のスーパーエースで、R.S.I.『デチマ・マス』部隊戦友協会長でありながら、連合軍側となった戦後の海軍でも偉大な人物として遇されていました。20年前にはそんな人物もまだご健在で、直接お会いしてお話を聞けるチャンスに恵まれており、そうした事も私の大きな財産だと思えます。ただ、この10年でほとんどの方々が物故され、そうした機会は永遠に失われてしまいました。

東西と南北で地理的環境のみならず歴史的背景や文化や言葉すら異なる国、それがイタリア。「ミリタリー・クラシックス」誌での連載をまとめた今回の書籍では、第一次大戦やその後の戦間期、第二次大戦でのエピソードを取り上げ、イタリア王立陸海空軍の知られざる将兵達を通して戦史や組織、兵器や軍装について豊富な写真やイラストを駆使して総合的に解説しました。このシリーズは現在も同誌で連載中で、日本では知られざるイタリア軍についての興味深い一面を紹介しています。この本と連載に接した読者の皆さんに、長い歴史や幅広い文化に支えられたイタリアの面白さを僅かながらでも伝えられれば幸いです。

また、こうした世の中ではニッチなテーマにも関わらず、長期間におよぶ連載中から多大な尽力を頂いた編集部の浅井さんや本書籍の発行機会を与えて頂いたイカロス出版さんには、改めて深く感謝を申し上げます。

吉川和篤

表紙、本文イラスト／吉川和篤
装丁／吉川和篤
写真提供／吉川和篤（特記以外）
図版作成／おぐし篤
本文レイアウト／イカロス出版デザイン制作室

※本書のカラーギャラリー、第一部、第二部、第三部は、季刊「ミリタリー・クラシックス」VOL.62（2018年9月号）からVOL.82（2023年9月号）に掲載された記事を加筆・修正したものです。

第一部

第一次世界大戦
～戦間期編

第一次世界大戦
～戦間期編1

創成期のイタリア戦車部隊

第一次世界大戦において、最後までイタリア陸軍は戦車戦の経験を持たなかった。しかし戦中には国産戦車を開発しており、戦後には外国製軽戦車のコピーも行いながら、遅れていた戦車部隊を創設する気運も徐々に高まっていったのである。

イタリア初の国産戦車誕生

第一次大戦は戦場に軍用機と戦車が登場したエポックメイキングな戦争と言える。1916年9月のソンムの戦いでイギリス軍のMk.I型戦車が投入されて、これが史上初の戦車のデビューとなった。Mk.Iは塹壕内のドイツ兵をパニックに陥らせ、イギリス軍の目標地点の占領に貢献しているが、内情は49輌中のうち可動車は18輌で、さらにエンジン故障などで戦線を突破したのはわずか5輌のみという散々なものであった。またこの菱形戦車はサスペンションも装備されておらず酷い乗り心地で、操縦も4人掛かりでしか行えない厄介な代物であった。それでも戦車は膠着した戦線を突破する有望な兵器としてフランスやドイツでも開発されて、次々と戦場に送られたのであった。

その頃イタリアは1915年5月から大戦に参戦して、主敵のオーストリア・ハンガリー二重帝国との一進一退の山岳戦や塹壕戦を3年半に渡って繰り広げた。その間に軍用自動車や装輪装甲車は道路網が発展した北イタリアの戦線で活躍したが、新兵器である戦車の使用は最後まで実現しなかった。

これは北部だけ発展していた重工業の環境や軍の機械化導入の遅れも原因であったが、それでもイタリアは戦車開発を密かに進めていたのであった。先に述べた世界初の戦車登場の1ヶ月前1916年8月には、イタリア軍はまだ海の物とも山の物ともわからない戦車の開発を国内自動車メーカーのフィアット社に依頼した。そこで、自動車や航空機エンジンの設計で知られるカルロ・カヴァッリとジュリオ・チェザーレ・カッパ技士の設計チームが開発を担当する事となった。

そし開発チームは、Mk.I型戦車のひな型となった「リトル・ウィリー」戦車の報道写真などを取り寄せて戦車研究を始めた。それでもフランス初のシュナイダーCA.1型戦車を参考に開発が進められ、1917年6月には最初の試作車輌が提出されたのであった。この国内で初めて開発された戦車は、参考にした仏シュナイダー戦車より遥かに大きく、全長7・4mで全高3・8mの小山の様な巨体となり、それはまさに移動要塞や陸上戦艦の印象であった。そしてモデッロ（型）17と呼ばれた試作車輌は各種試験を経て、さらなる改修が加えられた。

第一次大戦後期の1917年7月に試作され、トリノ近郊で登攀能力の試験を受ける試作戦車モデッロ17。オープントップ式ながら円錐台形で全周回転式の砲塔は、当時としてはルノーFT17軽戦車に次いで革新的な設計であった

　モデッロ17は、これもカッパ技士設計の水冷航空機エンジン（250馬力）を搭載して、ドライブシャフトで変速機経由で前部の起動輪に動力が伝えられた。この戦車の前輪駆動方式はまだ創成期の戦車には珍しく、そのおかげで4人掛かりでようやく動かせたMk.I戦車と異なり、この試作戦車はたった1人での操縦が可能であった。

1918年に改良されたフィアット2000型。このタイプでは砲塔が要塞用砲塔を思わせる密閉式の半球形状となり、17口径65㎜のM1908/13型歩兵砲を搭載した。また車体の四隅と両側面と後面中央に6.5㎜フィアット・レヴェッリM1914型水冷式機関銃7挺を装備しており、重武装の移動式トーチカを思わせる仕上りとなった

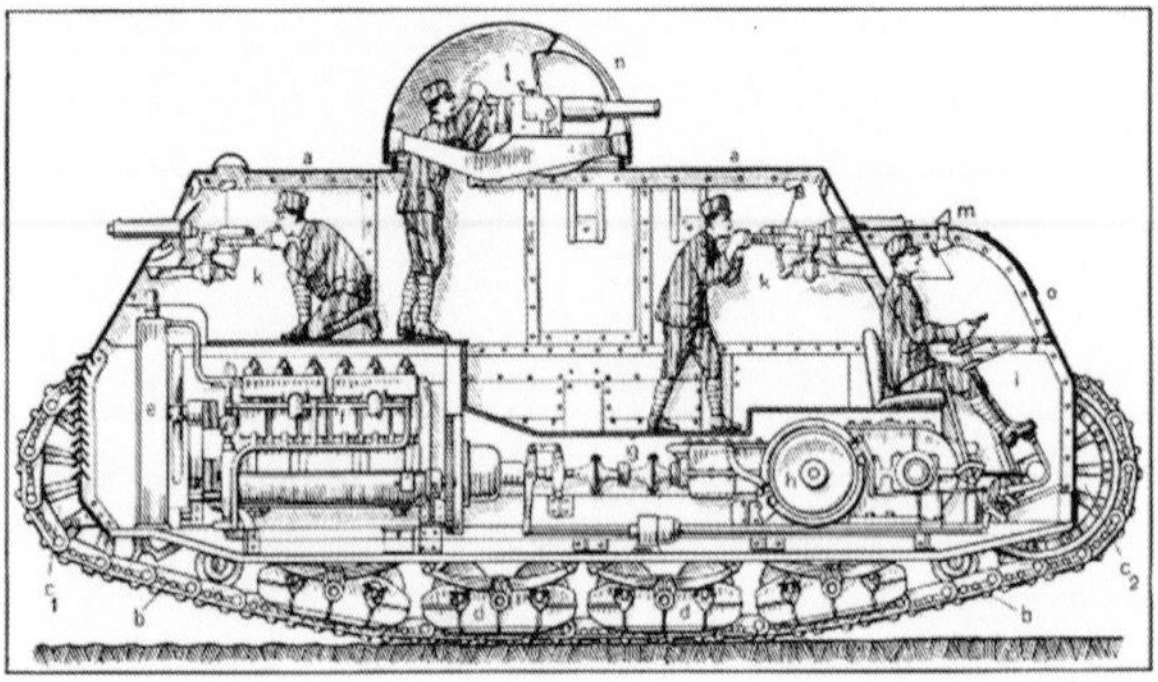

同じくフィアット2000型の右側面透視図で、搭乗員10名（車長と砲手各1、機関銃手7、操縦手1）の配置がわかる。潜望鏡付き操縦手席は前方中央にあり、隔壁に仕切られた機関室のA12型水冷直列6気筒エンジン（250馬力）からドライブシャフトが延びて、操縦席下の変速機に連結している

また足回りは2個の転輪を備えて片側に4組配置した各ボギーを板バネで懸架する方式で、サスペンションが無かったMk.I戦車よりはるかに乗り心地も良くなっている。さらに特筆すべきは戦闘室上部に搭載された全周旋回式の砲塔で、当初は円錐台で上が開いたオープントップ形式であったが、同様な砲塔を装備した近代戦車レイアウトのフランス・ルノーFT17型軽戦車の試作が1917年2月だったので、これも当時は最先端の戦車設計と言える。

そして弱点を見直して改修され、17口径65㎜歩兵砲搭載の砲塔を密閉式の半球型に変更して左右側面の銃眼穴を装甲で覆い、後部にも銃座を追加し、全部で6・5㎜フィアット・レヴェッリM14型水

冷式機関銃7挺の装備になった。こうして生まれ変わった試作1号車はフィアット2000型戦車として制式化され、翌年にはもう1輌が完成している。

しかし元々の大柄な車体に加えて、度重なる改修で重量は40トン近くとなり、これは第一次大戦期に開発された実用戦車としては最も重い戦車となった。さらに武装も増えて搭乗員の数もMk.Ⅰ戦車より2名多い10名となり、実用速度は7㎞/h以下程度であった。この設計思想はイギリスの菱形戦車やドイツのA7V型戦車と同様に塹壕突破を目的とした重戦車タイプであったが、山岳地形が多い国境の戦闘では不利であった。そして量産が遅れる内に第一次大戦は1918年10月に終結、イタリア軍はこの戦車への興味を急速に失っていったのであった。

戦車部隊の創設と派遣

新機軸を取り入れながらも重厚長大となってしまった最初の国産戦車であったが、その反省を踏まえて第一次大戦後に新たな戦車が開発されている。これはフランスのルノーFT17型軽戦車を研究したもので、1920年6月に5・5トンで2人乗りの軽戦車が試作された。

元々、イタリアは大戦中に同じくフランスのサンシャモン戦車と共に100輌分のFT17型部品を輸入して組み立てする予定であったが、大戦終結後にフランスが4輌以上の輸出を中止とした。そこでイタリア陸軍は、フィアット社に同様な軽戦車の開発を依頼した。

FT17型を元にしたフィアット3000型は、砲塔に6・5㎜空冷式機関銃を連装したMod.21型（A型）が約100輌生産されて配備され、後に40口径37㎜戦車砲または8㎜M14/35型機関銃を

1920年代前半、国内での演習中のフィアット3000A型戦車（Mod.21型）。初期生産型なので、履帯中央には後方の起動輪ギアが噛む穴がまだ開いていない（Daniele Guglielmi氏提供）

2挺を搭載したMod.30型（B型）が約40輌生産されている。だが、国内が戦場となり経済的にも疲弊したイタリアでは大戦終結とともに戦車装備の機運が薄れ、参謀本部は戦車を歩兵支援用としか考えておらず、独立した機甲部隊はすぐには編成されなかった。

それでも国内初の戦車部隊の運用を模索していたイタリア軍は、1918年にトリノの第1独立突撃自動車隊に2輌のフィアット2000型戦車を配属した。さらに翌年には3輌のルノーFT17型軽戦車と1輌のフィアット2000型が同自動車隊として北アフリカのリビアに送られて1輌が研究用としてローマに残されたのであった。

リビアの1輌はミスラタ地区での対ゲリラ戦に投入されたが、低速で砂漠では機動性が乏しいために戦力不足として2カ月後に前線から引き上げられ、その後は1934年までベンガジで移動砲台として配備が確認されている。そして国内に残った1輌は車体四隅の6・5㎜機関銃をフィアット3000 Mod.30型と同じ40口径37㎜戦車砲に載せ換えて、1936年頃まで軍事パレードや戦車部隊の教育用に使用された。だがその後は忘れ去られ、イタリアは第二次大戦中のP40重戦車まで20年以上に渡って重戦車の開発を行わなかった。

そして1920年代に入ると欧米各国でも装甲車輌を中心とした機甲部隊の創設が始まり、陸軍の増強を目指したベニート・ムッソリーニが政権を掌握した後の1923年1月には、兵力289名の装輪装甲車部隊が試験的に創設された。1927年10月にはフィアット3000型軽戦車を装備した連隊規模の『戦車中央編成団』に拡充している。同部隊は5個戦車大隊を有し、首都ローマ以外にボローニャ、ブレシア、ウディネ、パルマノーヴァなどの国境に近い北イタリア各地に駐屯地が配置され、これが正式なイタリア軍機甲部隊の始まりとなっていった。

そして忘れ去られていたフィアット2000型であったが、第一次大戦終結100周年を迎えてから産業遺産としての再評価がイタリア国内で始まる。開発当時に製作された縮小サイズの木製模型が各地で展示されて募金活動も行われ、2020年11月にはエンジン付きの原寸レプリカが北伊ヴィチェンツア州で完成した。こうして戦争に間に合わなかった陸上戦艦は、イタリア工業力の象徴として再び祖国の大地を走ったのであった。

1920年代前半、創成期のイタリア戦車部隊が所有した各戦車。左から国産のフィアット3000型軽戦車、フランス製ルノーFT17型軽戦車とシュナイダーCA.1型戦車、そしてフィアット2000型戦車である。こうして並べて見ると、フィアット2000型の巨大さが際立っている

第一次世界大戦～戦間期編2

極東を目指した黒いファシスト達

1937年に結ばれた日独伊防共協定により、イタリアと日本はそれまでの競合関係を改めて政治的に急速に接近し、経済的にも結びつきを強めていった。そうした中でムッソリーニが率いる全国ファシスト党は、極東への使節団を派遣したのであった。

イタリアと日本、競合国から同盟関係への転換

20世紀初頭、ヨーロッパの列強各国に比べて中国への進出が遅れていたイタリアであったが、天津の租界を足掛かりとして同地での利権拡大を狙った。その目論み(もくろみ)は第一次大戦後も続き、その間に中国では蒋介石の国民党が台頭して大陸に進出する日本との緊張が高まりつつあった。

そして1931年(昭和6年)には満州事変が勃発、翌年3月に日本は清朝皇帝の末裔(まつえい)である溥儀(ふぎ)を擁立して傀儡(かいらい)国家の満州国が建国された。この時期のイタリアは、急速に中国での覇権を握り始めた日本に警戒して、1933年頃から蒋介石の中華民国に近付いたのであった。

これは満州事変の責任追究と、同年3月、満州国を認めない国際連盟から日本が脱退したことと、それに対するイタリア国内の世論も影響したと思われる。またそれ以前にムッソリーニの娘婿であるガレアッツオ・チャーノが上海総領事に任命されており、イタリアの中国への力の入れ具合が伺える。

そしてフィアットCR.32型複葉戦闘機やサヴォイア・マルケッティSM.81型爆撃機、CV33型豆戦車や20㎜機関砲などの最新兵器を中国に輸出、こうしたビジネスはイタリアにとって大きな外貨獲

得の機会となった。また中国に派遣されたロベルト・ロルディ大佐は中華民国空軍の創設に貢献し、蒋介石の信任を得て参謀長も務めている。さらに１９３５年10月に始まったエチオピア侵攻に対して日本の世論は有色人種側に立ってイタリアを非難、高知では「エチオピア饅頭（まんじゅう）」が売り出される程で、両国の関係にも影を落としていた。

　ただし、こうした中国への後押しは後に同盟国となるドイツも同様で、１９３３年にはフォン・ゼークト大将が軍事顧問団と共に派遣され、１９３５年のドイツ再軍備後にはI号戦車や四輪装甲車、軍用バイク、37㎜対戦車砲からM35型ヘルメットまで多数の陸戦兵器を輸出しており、中独合作と呼ばれる協力体制が見られている。

日本陸軍が購入して、満州の大連港に到着して陸揚げされてから現地で組み立てられたフィアットBR.20型双発爆撃機。輸入代金の代わりに満州産の大豆の現物で取り引きされたと言う説もある

　しかしイタリアのエチオピア侵攻はすぐ隣にソマリランド領を持つ英仏を始めとする欧米各国との新たな対立を生み、国際社会での孤立化を深めていった。同様に再軍備や日中戦争の勃発でお互いに孤立していたドイツと日本が接近を図り、そこにイタリアを加えた3カ国間で、共産主義へ対抗した防共協定が１９３７年11月に締結された。

　その協力関係の一環として、中国戦線で爆撃機が不足していた日本陸軍がフィアットBR.20型双発爆撃機の購入を検討した。そして年末までに72機が発注されてイ式重爆撃機の名称で配備され、その予備部品や爆弾まで含めた総額は２億３０００万リラ（現在の貨幣価値で約３００億円）以上となり、イタリアの航空輸出ビジネスとしては最大規模となったのであった。

さらに前年から日本と戦争中だった中華民国は、8月にソ連との間で中ソ不可侵条約を締結しており、反共主義のムッソリーニは中国側に不信感を抱いていた。こうしてイタリアは日本に目を向ける様になり、極東の島国は中国での利権を巡る競合国ではなく、新たな同盟相手となったのである。

同時にイタリアは新興の満州国にもビジネスの可能性を感じていた。そこでまず両国との政治的繋がりの強化を目的とした使節団を、次いで経済使節団を送る計画を立てたのであった。最初の使節団はP.N.F.（全国ファシスト党）の党員で固められ、外交官で外務省次官の経験があり、1933年には教育映画協会ルーチェの理事長となったジャコモ・パウルッチ・ディ・カルボリ侯が団長に任命されて日本および満洲に向かう事となった。

日本各地を巡った黒シャツ達

パウルッチ侯とファシスト党員の使節団18名（侯爵1名と伯爵4名、随員および随行員）は1938年（昭和13年）3月17日、上海から乗り継いだ貨客船「長崎丸」で長崎港に到着し、現地で熱烈な歓迎を受けた。黒い制服姿のファシスト党員達は長崎県の雲仙に立ち寄り観光して、一泊後に山口県の下関から特急列車で上京。19日午後に東京駅に到着した。

同駅では堀内外務次官や各界名士と共に在日ファシスト党員50名も出迎えて長旅を労い（ねぎら）、使節団は皇居に参内した後に近衛文麿首相と小山衆議院議長に親書を手渡した。そしてイタリア大使館を訪問した後、帝国ホテルに投宿して長い一日を終えた一行はその夜、市民数千人による歓迎の提灯行列に

鎌倉からの帰りに立寄った大船キネマ撮影所で、女優達の歓迎を受けてご満悦のイタリア使節団の一行と、その中央で子役の横に座るパウルッチ団長

「写真週報」第11号に掲載された、3月27日に後楽園スタヂアムで日伊両国の小旗を振り、歓呼の声でイタリア使節団を迎える数万人の大観衆

4月1日の午餐会で、王子製紙の初代社長でもあった藤原銀次郎氏と握手を交わすパウルッチ侯と近衛首相。当日は広田外務大臣、賀屋大蔵大臣、吉野商工大臣、杉山陸軍大臣や米内海軍大臣など第一次近衛内閣の主要閣僚も列席していた

出迎えられ、パウルッチ団長を感激させている。

24日には歌舞伎座で「鏡獅子」を観賞した使節団は、翌日には日光を訪れて中禅寺湖畔のイタリア大使館別館で豊かな自然を満喫している。そして27日には後楽園スタヂアム（現東京ドーム）で盛大な歓迎式典が執り行われ、会場を埋め尽した数万人の観衆と近衛首相の前でパウルッチ団長は、イタリアは日本と共に反共陣営で戦う事を誓い、観衆から万来の拍手で迎えられた。

29日には鎌倉を見学した後に大船キネマ撮影所に立ち寄り、花見のセットの下で女優達の歓迎を受ける一行の姿も残されている。4月1日には、貴族院議員で後に商工大臣や国務大臣も歴任した藤原銀次郎氏の芝白金の邸宅で午餐会が

満州国の首都・新京に続いて盛大に開催されたハルビンでの歓迎式典。ここでも数万人の市民が日伊満三国の旗を振り、それに返礼するパウルッチ団長が見える

開かれ、70名の招待客と共に近衛首相や主要閣僚も列席している。

そして3日には伊勢神宮への参拝を行い、4日には京都入りして御所や平安神宮、清水寺などを訪問。さらに10日には大阪に入り関西を視察、ここでも滞在中に大勢の市民からローマ式敬礼と歓呼の声で迎えられたのであった。

満洲国でも視察を行い、帰国の途へ

その後、新たな随行員を加えて22名に増員して日本を発った使節団一行は、海路と鉄道で朝鮮半島を縦断して4月25日未明に満州国境の安東駅に到着した。翌日には首都の新京で溥儀皇帝に拝謁して、午後には大同公園に市民2万人が集まり盛大な歓迎式典が開催されている。イタリア使節団は急速に発展する新京の都市計画に驚き、夜にはパウルッチ団長が新京のラジオ局で親善メッセージを読み上げて、満州全土に放送されている。

使節団は列車で満州国内の視察を続けて28日にはハルビンに到着、同地で3日間に渡り盛大な歓迎行事や晩餐会が開かれている。奉天では満州事変の忠霊塔を訪ね、5月2日には撫順（ぶじゅん）の石炭鉱山や原油の露天採掘および精油工場を、鞍山では昭和製鋼所を視察している。そして日露戦争の旅順や満州事変の熱河などの戦跡を巡った一行は、終点の大連に到着。長崎に到着してから59日後である5月14日に「奉天丸」で大連港を発ち、上海経由で帰国した。

このファシスト使節団は政治的プロパガンダとして大いに成功を収め、5月5日に長崎に到着した経済使節団が日伊貿易の実務交渉を行い、7月の日満伊通商協定の調印に結びついている。そしてイタリアは8月に中華民国への航空機の輸出を停止して12月には空海軍の軍事顧問団の撤退を決定した。こうして絆を深めた枢軸国同士は1940年9月に日独伊三国同盟を締結して、その後の日本の参戦による第二次世界大戦への流れを決定付けたのであった。

しかしパウルッチ一行が帰国した3カ月後の8月にドイツのヒトラー・ユーゲント派遣団が来日。全国を巡回する若くハンサムな青年達に日本国民はたちまち熱狂し、北原白秋は歓迎の歌まで作詞する程であった。こうして熱し易く冷め易い日本の国民性もあって、残念ながら最初に来たファシスト使節団の記憶は間もなく消えてしまったのであった。

パウルッチ侯はその後、ベルギーとスペインの駐在大使を歴任したが、マドリードに赴任中の1943年9月にイタリア休戦を迎え、国王に忠誠を誓った大使はR.S.I.側への加入要請を断っている。そして10月にはバドリオ政府側の代表として、皮肉にもマドリードのドイツ大使にイタリア南王国からの宣戦布告を通知したのであった。

第一次世界大戦
〜戦間期編3

空と海を制したWWI戦闘機エース達

第一次世界大戦でイタリアは陸・海軍航空隊で45人の戦闘機エースを輩出し、総撃墜数20機以上のトップエース5人全員がフランス製戦闘機を駆って勝利している。ここではそうしたエースについて紹介してみよう。

フランス製戦闘機とイタリア陸海軍のエース達

第一次大戦中、工業化の遅れから国産戦闘機の導入が遅れたイタリアは、連合国のフランスやイギリスに航空機支援を求め、それに応えたフランスはヴェネチア防衛のために飛行艇や戦闘機部隊を派遣した。同時に仏ニューポール10型複座機のイタリアにおけるライセンス生産を認めて後のマッキ社が製造を始め、フランス国内での慣熟飛行訓練にも協力したのであった。

これにより、イタリア初の戦闘機隊であるニューポール第8飛行隊がイタリア陸軍に創設されると、これが1915年12月に第1戦闘飛行隊に再編され、後のイタリア戦闘機隊の源流となり、それはやがて20個飛行隊にまで拡大した。

その後、フランス製スパッドS.Ⅶ型（214機）の単座戦闘機を輸入使用し、ニューポール11型は640機以上が、フランス陸軍航空隊では採用されなかったアンリオHD1型などは830機以上がイタリア国内でライセンス生産されている。

そして陸軍航空隊はニューポールやスパッド機を乗り継ぎ、『Benvenuti! 知られざるイタ

中央のバラッカ少佐を囲んだ第一次大戦でのイタリア陸軍航空隊の42人の“アッソ”（エース）達。ここに海軍航空隊の3人が加わり、イタリアのエースは全部で45人となった（Paolo Varriale氏提供）

初期の海軍航空隊に配備された二人乗りのマッキM.3（L.3）型水上機。偵察機や爆撃機また一時的に戦闘機としても使用された。前方機銃手席にフィアットM14空冷機関銃が、機体にヴェネチアの守護聖人サン・マルコ獅子の個人マークが見える

斜めのスロープから海面に降ろされて点検を受けるマッキM.5型水上戦闘機101号機。機体には山猫の個人マークが描かれ、オーバーヒート対策でエンジンカバーが外されているが、これはしばしば他のM.5型でも見られた

リア将兵録【上巻】』収録の「天駆ける撃墜王」で紹介したフランチェスコ・バラッカ少佐（総撃墜数34機）を筆頭に、5機以上撃墜した〝アッソ〟（エース）を42名輩出した。

一方、イタリア海軍もアドリア海域の哨戒や攻撃を目的として独自に航空隊を組織、国産のマッキM.5型水上戦闘機を配備してウンベルト・カルヴェロ中尉（5機撃墜）やフェデリコ・マルティネンゴ大尉（5機）など複数のエースが現れた。このイタリア海軍水上機隊の活躍は、アニメ映画「紅の豚」でも主人公の過去エピソードとして描かれている。

水上戦闘機を駆った海軍航空隊のトップエース

その海軍航空隊のトップエースであったオラツィオ・ピエロッツィ大尉（7機）は、1889年12月8日に中部サン・カスチアーノで軍医の息子として生まれた。海軍学校に進み開戦時には旧式戦艦『ナポリ』に中尉として任官していたピエロッツィであったが、外洋航海訓練中のニューヨークでライト兄弟のデモ飛行を見たことがきっかけで空への興味を持ち、セスト・カレンデ飛行学校に入学した。1916年11月の飛行免許取得後に南部ブリンディジ基地に配属され、アドリア海の出口にあたるオトラント海峡での敵海軍の動きを水上機で哨戒する任務に就いたのであった。

1917年6月、二人乗りのマッキM.3型水上機を操縦したピエロッツィは、機銃手ベッリンジェリと共に敵水上機K154を初撃墜している。翌18年3月にはヴェネチアに創設された第261戦闘航空隊に配属され単座のM.5型を受領、5月1日のトリエステ爆撃先導では1機を撃墜した。更に同月14日のポーラ軍港攻撃でイタリア艦を援護した水上戦闘機隊は、オーストリア海軍水上機と空戦に突入。ピエロッツィは一挙に3機撃墜して〝アッソ〟の仲間入りした。その後、7月までに2機撃墜を果たした大尉は戦後、トリエステの水上機隊を指揮したが、1919年3月17日の帰途に機体が突風に煽られて海上に墜落、救助されたが翌日に死亡したのであった。

イタリア第2位の苦労人エース

イタリアエース第2位のシルビオ・スカローニ（26機）は、1893年5月12日に北部のブレシアで生まれた。幼い頃に父親を亡くし、苦労して母親に育てられたスカローニは、1909年に地元ブレシアでの航空ショーを見て空への憧れを抱いた。

彼は兵役で配属された砲兵部隊から航空隊への転属を熱望し、10月に飛行免許を取得して第4砲兵

第一次大戦後に創設されたイタリア空軍に進んで、将官となったスカローニ

1918年夏、カソーニ基地で愛機の仏アンリオHD1型7517号機の前でポーズを取る、第76飛行隊所属のシルビオ・スカローニ中尉と機体付き整備員

観測飛行隊に配属されてイソンゾ戦線に従軍した。17年1月に士官学校に進んだスカローニは、卒業後に新任少尉の戦闘機乗りとして第43飛行隊を経て、カポレットの戦いに参加した第76飛行隊に配属され、11月に仏アンリオHD1型で初撃墜の戦果を挙げた。そしてイストラナ航空戦などで1カ月以内に5機目を撃墜してエースの仲間入りを果たし、翌年1月下旬には早くも10機目の敵機をビアデーネ上空で墜としている。

中尉となったスカローニは、その卓越した飛行技術でフランス製戦闘機や機関銃の能力を最大限に引き出し、常に敵機の性能と作戦について分析を行う研究心から、メキメキと撃墜数を重ねていく。そして初撃墜から8カ月目には、総撃墜数は20機を超えて早くも大尉に昇進した。

しかし、7月12日の2機撃墜の数日後、北部のピアーヴェ戦線上空での空中戦で負傷して機体はモンテ・グラッパ付近の河原に墜落した。重傷を負った中尉は病院に送られ、辛うじて一命を取りとめたが、その輝かしい戦果の更新はここで止まり、遂にバラッカ少佐に追い付くことはなかった。

スカローニは大戦後に新設イタリア空軍に進み、米駐在武官を経て大佐時代の1934年には中国へ派遣されて飛行学校の創設や中国空軍の育成も手伝っている。その後は将官にまで昇進しており、第二次大戦中はシチリア島基地司令官となり、43年9月のイタリア休戦を期に引退してその軍歴を全うしたのであった。

髑髏（ドクロ）マークの貴族エース

第一次大戦のイタリア戦闘機は、その機体側面に飛行隊マークと共に様々な個人マークも描かれ、その多くはバラッカ少佐の「馬」の様な動物やバルトロメオ・コスタンティーニ大尉（6機）の「グリフォン」の様な聖獣、三日月や星、蹄鉄や紋章などのモチーフが多く見られた。中にはグイド・ナルディーニ軍曹（6機）の「悪魔」やフルコ・ルッフォ・ディ・カラブリア大尉（20機）の「髑髏」など奇抜なマークも幾つか存在している。

軍帽を被ったフルコ・ルッフォ・ディ・カラブリア大尉。左腕には金糸刺繍の陸軍航空隊章が見える

この髑髏マークで知られるルッフォ・ディ・カラブリアは、1884年8月12日にナポリでカラブリア出身の名門貴族の家柄に生まれた。高校卒業後の1904年には陸軍に志願して将校教育課程に進み、第11軽騎兵連隊『フォッジア』に配属された。その後、陸軍航空隊に志願して、飛行免許取得後には第4ついで第2砲兵観測飛行隊に配属された。

イタリア参戦後に戦功章銅章を2回授与され

たルッフォは、仏ニューポール11型戦闘機への機種転換訓練を受けて、独立第70飛行隊に配属された。16年8月にバラッカ大尉と共に1機のハンザ・ブランデンブルクＢｒＣⅠ型機を共同撃墜して初戦果を挙げている。その後、ニューポール17型やスパッドS.Ⅶ型、S.Ⅷ型などのフランス製戦闘機を乗り継いで大尉となったルッフォは、陸軍第10航空群第91飛行隊長となったバラッカ司令官の薫陶を受け、戦闘機乗りとしての頭角を次第に現していく。

1917年始め、髑髏マークが描かれた愛機の仏ニューポール17型の前でポーズを取るルッフォ中尉

そしてルッフォは髑髏マークの仏戦闘機を駆り、１９１７年7月に10機目の撃墜を、18年6月には20機目の戦果を挙げてイタリア第5位のエースとなった。さらにバラッカ少佐の戦死後には、第91飛行隊を受け継いで司令官となって部隊を指揮したが、10月には愛機の燃料タンク漏れから敵側の戦線に不時着を余儀無くされた。

味方機が不時着した司令官機に近付く敵兵を上空から見つけた時、既にルッフォ大尉は髑髏マークの機体後部に積んでいた自転車で密かに脱出しており、無事に味方側に帰還する冒険活劇を演じたのであった。

大戦後の１９２５年には上院議員となったが、国王に忠誠を誓ったルッフォはファシスト政権とは距離を置き、第二次大戦のイタリア休戦後には息子と共に枢軸軍と戦うパルチザン側に協力したのであった。

第一次世界大戦
〜戦間期編4

空に逝った風雲児 イタロ・バルボ

第二次大戦のイタリア参戦直後、一人の高級将校が味方の誤射により事故死を遂げた。かつてはファシスト四天王の筆頭とされ、大西洋横断飛行を実行し、イタリア空軍の父と称されたこの人物について紹介しよう。

山岳突撃兵から政治活動家へ

1896年6月6日、イタロ・バルボは北伊アドリア海側の街フェラーラ近郊のクアルテザーナで、5人兄妹の4番目として生まれた。子供の頃から優秀な神童として知られ、5歳で小学校に入学して9歳には5学年分を飛び級して高校入学が許された。バルボは早熟で激情家の一面もあり、カフェに通い政治討論に興味を持つと、民族主義に憧れを抱く様になった。そして14歳になった1911年には、オスマン・トルコ帝国支配からの離脱を計るアルバニア王国を支持して義勇部隊への参加を試みるが、これは父親の通報により未然に阻止された。

母方の祖母が住むラヴェンナで撮影された、18歳のイタロ・バルボ。この頃、学業を放棄して政治活動にのめり込んでいた

その後、第一次大戦直前にミラノの参戦派集会に参加して、後の盟友となるベニート・ムッソリーニと出逢う事となる。そしてアルピーニ（山岳）兵として第8山岳兵連隊所属の『ヴァル・フェッラ』大隊に従軍して、そこで中尉に昇進した。しか

しその間にバルボは空への憧れを抱き、操縦士への転科を希望してトリノでの飛行訓練を志願した。

だが１９１７年10月に原隊を離れて間もなく、敵ドイツ軍の大攻勢「カポレットの戦い」が始まりバルボは急遽呼び戻されて、再び彼の夢は潰えたのであった。そして『ピアーヴェ・ディ・カドーレ』大隊所属の山岳突撃兵（アルディーティ）を指揮した中尉は１９１８年８月からモンテ・グラッパ戦線で勇敢に戦い、夜戦で多数の敵陣地や敵捕虜を得る戦果を挙げて、２つの戦功章銀章と１つの銅章を授与されて大尉に昇進した。

第7山岳兵連隊所属の『ピアーヴェ・ディ・カドーレ』大隊で、山岳突撃兵（アルディーティ）部隊を指揮したバルボ中尉。襟にはフィアンメ・ネーレ（黒い炎）と呼ばれた突撃兵の黒い襟章が見える。これは後にM.V.S.N.に受け継がれた

大戦が終結すると、バルボは突撃兵の黒シャツを脱いで翌年３月からフィレンツェで社会科学を学び、地元フェラーラの銀行に就職した。その当時、北伊ミラノでは大戦直後の赤色化の揺れ戻しから反社会主義の潮流が発生し、ムッソリーニが率いたファシスト党（P.N.F）が勢力を拡大していた。民族主義政党に惹かれたバルボはP.N.F.に合流、党員の母体は元突撃兵出身者で構成された「戦闘ファッシ」で、古巣に戻る気分であった。

バルボは、フェラーラ支部長として元黒シャツ兵を動員し、ストライキを潰しバリケードを破り、最終的には１９２２年７月にはエステンセ城を占領した。その３カ月後にはムッソリーニがローマ進

1922年10月、ローマ進軍時にムッソリーニ（中央）や後の四天王の一人、デ・ヴェッキ（左）と共に写る25歳のバルボ・フェラーラ支部長

軍を果たして独裁体制を確立、まだ26歳の若手であったバルボもファラーラでの実績を買われてファシスト党の幹部となっていった。

そしてエチオピア帝国での有力者を意味する「ラス」の称号を与えられた後に、P.N.F.党書記長ミケーレ・ビアンキや陸軍元帥エミーリオ・デ・ボーノ、国会議員のチェーザレ・デ・ヴェッキらと共に〝ファシスト四天王〟と呼ばれるようになり、翌年にはファシスト評議会の主要メンバーに登り詰めた。また、1924年にはフローリオ伯爵の令嬢エマヌエーラと結婚、3人の子供に恵まれている。そして同年にはファシズム運動を支えた戦闘ファッシから再編された民兵組織の「国防義勇軍」（M.V.S.N.）の総督に就任して、再び軍務に就いたのであった。

イタリア空軍の父として

1926年11月、ムッソリーニ統師は有能な部下の次の進路として、新設の空軍省次官に指名した。

山岳兵の経験しかなかったバルボであったが、陸軍からの完全な独立を目指して奔走。まずは充分な飛行中のS.55型飛行艇。未来機を思わせる分厚い主翼中央に配置された操縦席や双胴のフロート等、斬新な設計の機体であった。ブラジル海軍やルーマニア空軍、ソ連のアエロフロート航空等でも使用されている

"ファシスト四天王"と呼ばれた若き日のイタロ・バルボ。毀誉褒貶の激しい人物だが、明るく豪快な性格で、後に行われたイタリアでのユダヤ人移送問題には最後まで反対の立場であった

予算を獲得し、一流の航空工学専門科を招聘して研究センターを作った。そして1927年にはかつての夢を叶えるかの様に、自身も飛行操縦の免許を取得している。

1929年7月にわずか33歳で空軍大臣に任命されたバルボの飛行実業家（アヴィエーター）としての情熱は増々加速して、伊空軍機は最高速度や長距離飛行などで数々の記録を立ててその名声を高めていった。その頂点が、S.55型飛行艇による2度の大西洋横断であった。

サヴォイア・マルケッティ社製のS.55型飛行艇は双胴双垂直尾翼の特異な形状で、イソッタ・フラスキーニ・アッソ500型エンジン（500馬力）2基を分厚い主翼上面に前後に配置したプッシュ・プル方式で飛行した。バルボの肝入りで開発が始まった同機は1923年8月に初飛行を行ない、数々の飛行記録を樹立していった。

そして1927年2月、操縦士2人と機関士1人を乗せてセネガルのダカールを飛び立った『サンタ・マリア』号は南米ブラジルに到着し、その後リオ・デ・ジャネイロやニューヨークを経由、4カ月かけて4万8000km以上を飛行してイタリアに帰還した。

この飛行成功を受けて、イタリア空軍創設10周年の大西洋横断飛行がイタリア空軍と海軍の協力を得て計画され、空軍大将となっていたバルボが飛行計画の陣頭指揮を執ることとなる。

1933年6月1日、バルボ自らが操縦桿を握りローマ近郊オルベテッロを飛び立った24機のS.55X型は、アイスランド経由で48時間後に見事カナダに到着。最終目的地の米シカゴ上空にV字形編隊で現れたイタリア機は市民から熱狂的な歓迎を受け、7番目の通りが「バルボ」通りに改名された。ニューヨークでは大パレードが開かれて、バルボ空軍大臣には米ルーズヴェルト大統領からも飛行十字勲章が授与され、これは在米イタリア系市民にとっても非常に誇らしい出来事

アメリカ合衆国からイタリアに帰国後、新設された最上位階級である空軍元帥に昇進したイタロ・バルボ。制服の左胸には、金属製の操縦士記章が見える。バルボは、リビア総督となってからもこの階級を兼任した

バルボが率いたS.55X型飛行艇による、1933年6月の大西洋横断飛行とイタリアへの帰還ルート

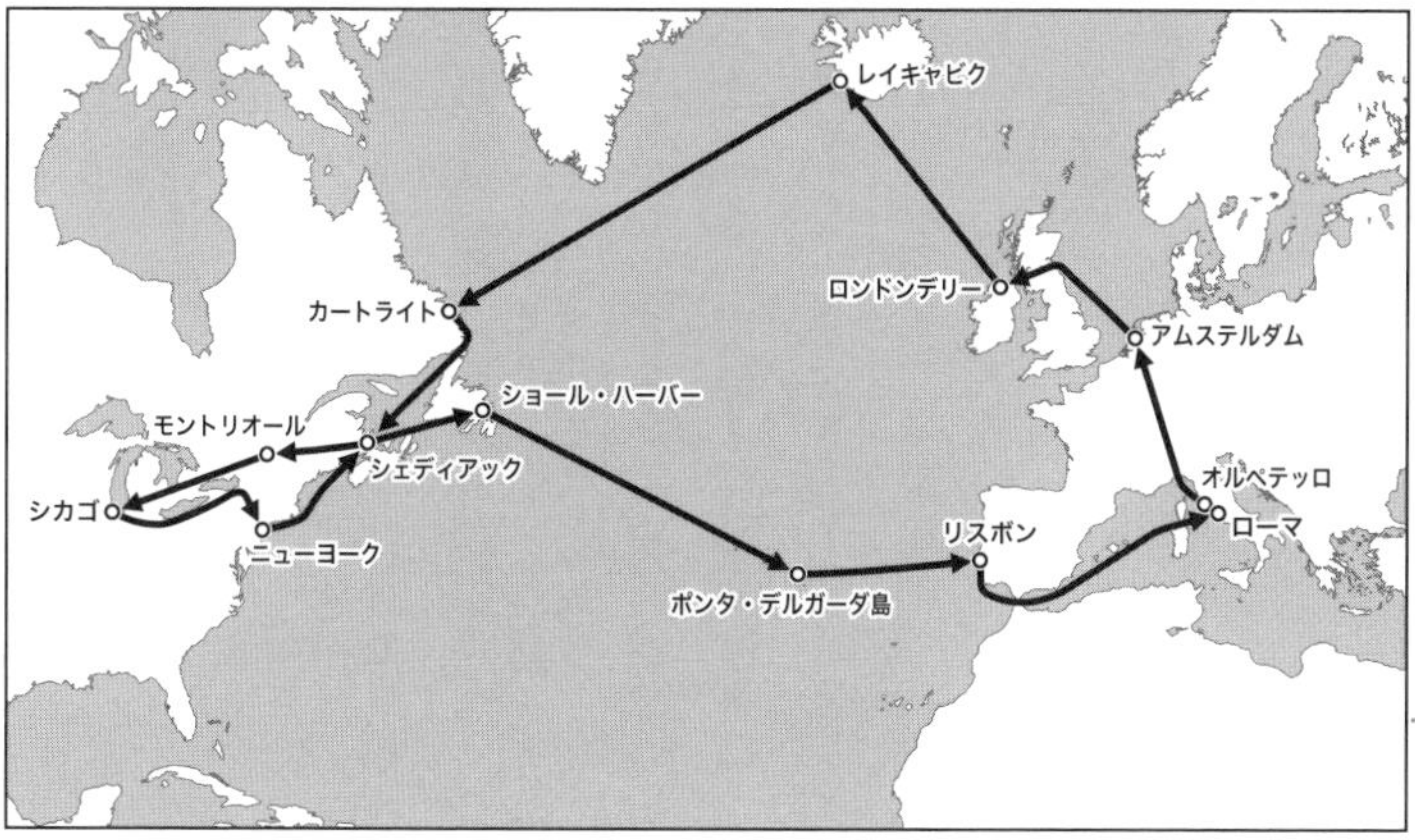

となった。そしてバルボは帰国後に、新たに設けられた空軍元帥に昇進したのであった。

リビア赴任と不慮の最期

１９３３年11月、空軍大臣の任期が終了したバルボが任命された次のポストは、北アフリカ軍総司令官であった。これは新設空軍を成長に導いた手腕が認められたものであったが、世界的に高まるバルボの名声を恐れたムッソリーニが、一時的に中央から遠ざけた可能性も考えられる。

そして翌年1月にはリビア属州が成立して、バルボはリビア総督も兼任することとなる。元帥はここでも空軍力の強化を目指して東アフリカとリビア間の飛行訓練も度々行ない、自らも操縦桿を握って長距離飛行を行なっている。また１９３８年にはリビア植民地兵から成るイタリア軍初の空挺部隊の創設にも尽力した。その一方でエチオピア侵攻直前の１９３５年に起きたアビシニア危機では、エジプトとスーダン駐留の英軍への奇襲攻撃を水面下で計画し、統帥の不興を買った。

ドイツの軍事雑誌「Signal」に掲載された、リビア上空で自ら操縦桿を握るバルボ空軍元帥

そして第二次大戦が始まり、１９４０年6月10日にイタリアが枢軸側で参戦、再びイタリア軍はエジプト侵攻を狙うこととなったが、5年前と異なり英軍の反撃準備も始まっていたため、バルボ

は司令官として反対した。しかし結局、作戦は8月開始で決定されてしまった。

　そして運命の6月28日、英軍機による空襲後、トブルク飛行場に着陸寸前の司令官が搭乗したSM.79型三発機は突如、味方である伊海軍巡洋艦『サン・ジョルジョ』と飛行場からの対空砲火にさらされて撃墜され、バルボは悲劇の死を遂げた。享年44歳であった。

　この事故は単純な味方誤認説の他に、ドイツとの同盟と戦争協力に最後まで反対したバルボを邪魔に思ったムッソリーニによる暗殺説も根強く残っており、その真相は今もって謎である。

　そしてファシズム勃興から隆盛への時代を熱く駆け抜けた男は今、S.55型飛行艇が飛び立ったオルベテッロの墓地で静かに眠っている。

1939年リビアのカステル・ベニート基地で、自らが育てたリビア人空挺部隊・通称『空のアスカリ』大隊を閲兵するバルボ空軍元帥（左）とかつてのファシスト四天王の一人、デ・ボーノ陸軍元帥（Nino.Arena氏提供）

第一次世界大戦
～戦間期編5

イタリア機で勝利したスペイン人エース達

第二次大戦前に勃発したスペイン市民戦争において、イタリアは各種兵器と共に軍用機や義勇パイロットを送り込む。そして二桁におよぶエースを輩出したが、同時に撃墜数でイタリア人エースのトップを超えるスペイン人エース達も現れた。

秘密裏に派遣されたイタリア空軍

1936年7月17日、スペインでは左派の人民戦線政府と、フランコ将軍が率いる右派の保守勢力の反乱軍との間で市民戦争が始まった。反共主義者であったイタリアのムッソリーニ統帥は、積極的にこの内戦に介入したのであった。

手始めに反乱軍側に150万ペセタの資金やライフル2万挺、機関銃200挺、手榴弾2万発等におよぶ武器援助も行い、CV33型およびCV35型快速戦車（豆戦車）も派遣された。

また航空戦力としてCR.32型戦闘機やSM.79およびSM.81型爆撃機などを派遣、パイロット達は偽名の民間人として入国した。そして同年12月に派遣イタリア空軍は『アヴィアツィオーネ・レジオナリア』（軍団空軍）の名称となり、ドイツの『コンドル』軍団と同様に航空機の胴体と主翼下面には黒い丸が、主翼上面と垂直尾翼にはXマークが描き込まれた。

スペインに派遣されたフィアットCR.32型戦闘機〝フレッチア〟（矢）は、1933年4月に初飛行した複葉戦闘機で、全金属製のフレームで構成され、機首のフォルムは空力的にも洗練されており、後の低翼単葉機に繋がる近代的なデザインであった。最大速度は375km／h程度であったが、バランスの取れた飛行性能を持つ。

イタリア人義勇パイロットと共にスペインに送り込まれたCR.32型は365機（405機説もある）に達し、人民戦線政府側のソ連製援助機のI-15型およびI-16型戦闘機やSB-2型爆撃機と激しい空中戦を演じたのであった。〝ラ・クカラチャ〟（ゴキブリ）マークで知られる第16戦闘航空群、〝棍棒のエース〟マークの第23戦闘航空群や、第1および第2戦闘航空群のイタリア人義勇パイロット達はスペイン各地で撃墜数を重ね、1939年3月の戦争終結までに、5機以上撃墜のイタリア人〝アッソ〟（エース）は13名を数えている。

そのトップエースが1910年7月30日に北イタリア・ウディネ近郊のトリチェージモで生まれたブルーノ・ディ・モンテニャッコであった。空軍に志願したモンテニャッコは優秀な成績で軍用パイロットの資格を取り、精鋭部隊であった第1戦闘航空団に下士官として配属されてCR.32型を受領している。

そしてスペイン市民戦争が始まった1カ

スペイン市民戦争に投入されたCV35型快速戦車（豆戦車）と軍装から見てスペイン人と思われる搭乗員。1939年3月の戦争終結までに送られた快速戦車の総数は149輌に達した

月後の1936年8月、「アントニオ・ロムアルディ」という偽名で最初のCR.32型12機と共に輸送船でスペインへ向けて出発、セビリアのタブラーダ飛行場で作戦を開始した。使い慣れたCR.32型を操縦したモンテニャッコは、9月22日に中央部のトレド州マケダ上空で仏ロワール46C1型戦闘機を撃墜して初勝利を収めている。

そして12月に派遣部隊は新設された『軍団空軍』の所属となり、各3個飛行隊から成る第1および第2戦闘航空群が編成された。その後、モンテニャッコは第16戦闘航空群の第26飛行隊に所属してCR.32型で戦い続けた。そして1937年8月までスペインに留まり、既に旧式化した複葉機で合計15機を撃墜し、未確認撃墜が1機、地上撃破が1機の戦果を挙げている。その内I-15型は5機、I-16型は5機が含まれ、モンテニャッコは戦功章銀章を授与されて曹長に昇進したのであった。

しかし、その勝利の栄光は長くは続かなかった。イタリアに帰国した曹長は古巣の第1戦闘航空団に戻り、アクロバットチームに所属して曲技飛行の訓練に励んだ。そして少尉に昇進した1938年4月13日に行われた航空ショーにおいて、CR.32型28機による大編隊の演技中にループ飛行していたモンテニャッコ機が僚機と接触。2機は墜落し、僚機のパイロットはパラシュートで脱出したが、モンテニャッコ少尉は死亡したのであった。

『アヴィアツィオーネ・レジオナリア』(軍団空軍)に所属して、スペイン各地を転戦したイタリア人義勇パイロット達とCR.32型戦闘機。彼らは偽名パスポートを持ち、民間人の服装を着て入国した

スペイン人エースの誕生と終焉

こうしたイタリア人義勇エースとは別に、CR.32型戦闘機を駆った現地のスペイン人パイロットからも多くのエースが誕生した。これはフランコ将軍の反乱軍に1936年創設された『アヴィアシオン・ナシオナル』(国家空軍)にCR.32型が供与され、その配備数は127機(131機説もある)もの多数を数えたからであった。

機体にはイタリア側の『軍団空軍』やドイツ側の『コンドル』軍団と同じ黒丸やXのマーキングが用いられたが、スペイン側の『国家空軍』では胴体の黒い丸に右派でスペイン伝統主義者のファランへ党の5本の矢を束ねたマークが、赤または白で描かれていた。そして〝フレッチア〟によるスペイン人エースの数は最終的に18名に達しており、これはイタリア人の13名より多く、モンテニャッコの総撃墜数15機を超えるエースも5名を数えた。これはホームグラウンドである母国での戦いであった理由も大きいが、CR.32型の基本性能の良さや頑丈な機体設計も考えられる。

1938年頃、スペイン人パイロットのトップエースとなったホアキン・ガルシア=モラト大尉。愛機のCR.32型の垂直尾翼には、3羽の猛禽類が描かれた『青いパトロール隊』マークが見える

そうしたスペイン人エースの頂点に立ったのが、合計40機を撃墜して未確認が13機、地上撃破が12機という多大な戦果を挙げたホアキン・ガルシア=モラト・イ・カスターニョであった。モラトは1904年5月4日に軍人の息子として、モロッコ北部のスペイン

同じく愛機のCR.32型「3-51」号機の後方で自らのサインを書くモラト大尉。胴体の黒い丸にはスペイン『国家空軍』所属を示す5本の矢を束ねたマークが描かれている

自治都市メリリャに生まれた。1925年8月にパイロット免許を取得後、生まれ故郷のメリリャ近郊で当時スペイン統治下であったナドール駐留の飛行隊に志願して飛行経験を積み重ねたり、水上飛行隊や偵察隊のパイロットを歴任し、1930年からはグアダラハラやアルカラ・デ・エナレス飛行学校の教官となっている。

曲技飛行が得意で、スペイン市民戦争では反乱軍側に身を投じたモラトは、8月12日に南部のアンテケラ上空で仏ニューポールNid 52型複葉戦闘機を駆って共和国空軍のヴィッカース ヴィルデビースト複葉爆撃機を撃墜、初勝利を収めた。そして独He51型複葉戦闘機に乗ると、8月18日にNid 52型や仏ポテ 540型爆撃機を、さらに9月2日にNid 52型を撃墜している。そしてイタリアから供与が始まったCR.32型に乗り換えて9月11日にNid 52型を撃墜、5機目の勝利を収めて最初のスペイン人エースとなった。

そして3機のCR.32型で独立飛行隊『青いパトロール隊』(Patrulla Azul)を結成した後、1936年11月13日までに10機を撃墜しており、その中にはI-15型の3機も含まれた。1937年には9月までにさらに12機を撃墜したが、そこにはCR.32型より高速であったSB-2型爆撃機が2機含まれている。

そして軍事研修でイタリアに派遣されたモラトが帰国した後の12月には、新たに23機のCR.32型が『国家空軍』に配備されて、モラトは2つの戦闘航空群を指揮したのであった。そして1938年から翌年に掛けて撃墜数を重ねていったが、1938年10月3日の空戦ではI-16型に撃たれて不時着を余儀無くされている。

大尉に昇進したモラトは、1939年1月19日にI-15型を撃墜して40回目の勝利を得たが、これが最後の戦果となった。4月4日、マドリッド郊外のグリニョン飛行場で戦争映画の撮影のために愛機の「3-51」号機に乗って演技飛行を行っていたモラトは、低空での反転飛行中に墜落してあっけなく死亡したのであった。

原因はエンジン故障とも小雨が降り続き視界が困難であったとも、雨で計器の不具合があったとも伝えられる。その死の数日後、モラトの棺はスペイン中を巡り、多くの町で栄誉を受けてマラガの教会に埋葬されたのであった。

1939年4月4日に墜落死したモラト大尉の葬儀のひとコマ。マラガの街を棺を載せた馬車が進み、多くの市民が英雄との別れを惜しんだ。モラトは死後少佐に特進して、1950年にはハラマ伯爵の称号を与えられた

第一次世界大戦
～戦間期編6

中国大陸に舞ったイタリアの翼

ムッソリーニ統帥が指導する1930年代のイタリアは、他の欧州列強に追随した対外政策を取り、アフリカやアジアへの進出を窺った。その利権獲得として中国に武器輸出を行い、地上兵器と共に軍用機や軍事顧問団を送っていたのである。

中国に渡ったイタリア軍用機

1929年に発生した世界恐慌後、イタリアは国外への進出を目論み、既に植民地化した北アフリカ・リビアに加えて東アフリカ・エチオピアへの領土の拡大を企てた。そしてその対外政策の目は、アジアにも向けられた。イタリアは主に中国での利権と外貨獲得を目指し、その一環を担ったのが兵器輸出であった。

中国でイタリア派遣団を指揮したロベルト・ロルディ大佐。蒋介石からの信任も厚く、中華民国空軍の成長を手助けした

1933年後半には、中国側にイタリア機購入を促すためにロベルト・ロルディ空軍大佐を代表をする将校12名や技術者5名、搭乗員、整備士など総勢150名の派遣団を送り込み、その中には1926年の「シュナイダー・トロフィー」においてマッキM.39水上機で優勝を果たした名テストパイロット、マリオ・デ・ベルナルディも含まれていた。

中華民国空軍は手始めに少数機の購入を決め、中国人搭乗員の訓練を派遣団に依頼した。洛陽飛行学校での訓練は主に離着陸と曲技飛行などで、一般的な空中戦には重点が置かれないイタリア本国のやり方で行われたが、後に日中戦争時に軍事顧問となり、アメリカ人義勇航空隊「フライング・タイガース」を指揮したクレア・リー・シェンノートはこの訓練方式を痛烈に批判している。

しかしこの誕生したばかりの中華民国空軍の育成に尽力して蒋介石から信任を得たロルディ大佐は、１９３４年５月には参謀長に任命されて空軍の組織再編成と予算管理も務めている。そしてイタリアはアメリカやドイツとの競合に勝って、南昌に航空機工場を建設する許可を獲得したのであった。

１９３３年から35年に掛けてイタリアは以下の軍用機を中国に輸出した。13機のフィアットCR.32型複葉戦闘機と11機のブレダBA.27型戦闘機、23機のフィアットBR.3型複葉爆撃機、６機のカプロニCa.１１１型輸送機、６機のサヴォイア・マルケッティSM.72型輸送機、14機のカプロニCa.１０１型爆撃機、20機のブレダBA.25型複葉練習機などであった。そして１９３７年には18機のブレダBA.28型複葉練習機も追加されている。

主翼上面に青天白日の国籍マークを描いた、中華民国空軍所属のCR.32型複葉戦闘機

このように順調かに見えたイタリアの軍用機輸出であったが、日本軍の大陸進出への対抗措置と共に各地の軍閥の思惑もあって、中国軍はアメリカやイギリス、ドイツ、ソ連からも輸入する様になる。こうして中国軍は急速に近代化を遂げていったが、逆にイタリアは置いていかれた。また、１９３５年３月に准将に昇進したロルディが航空機輸入を巡って駐中国イタリア大使と対立し、その結果８月の帰国後に失脚して逮捕・

軟禁されてしまう。

後任は第一次大戦で撃墜数2位のエース、シルヴィオ・スカローニ大佐が引き継いだが、蒋介石は中国空軍に尽力した准将を戻す様に公式な要請を行った。しかしその願いはかなわず、これもイタリア機輸出の停滞に影響した。ちなみにロルディ准将はイタリア休戦後に反ファシストの容疑でドイツ軍に逮捕され、1944年3月のラセッラ通りでのドイツ兵爆殺事件の復讐として、ローマ郊外のアルデアディーネ洞窟でユダヤ人や政治犯352名と共に銃殺される悲劇に見舞われた（103ページ「ドイツ人にされたイタリア人治安部隊」参照）。

日中戦争が始まった1937年（昭和12年）7月、中華民国空軍は約600機の航空機を保有していたが実際の運用機は230機のみで、その内でも近代機と言えるものはわずか91機であった。

それでも南京郊外の基地に展開した第8戦闘機隊（CR.32型）や第14軽爆撃機隊（BR.3型）、広東の第18偵察機隊（Ca.101型）や第29戦闘機隊（BA.27型）などイタリア機装備の4個飛行隊が初期の日中戦争に投入されている。

第8戦闘機隊所属のCR.32型「801」号機と、革ジャンパーに飛行帽姿の戦闘機隊指揮官のチェン・ヤウウェイ中尉。中尉は8月15日にCR.32型で日本海軍の九六式陸上攻撃機を1機撃墜しており、戦後は中将にまで昇進した。後ろの複翼上にはイタリア製のサルバトール型落下傘も見える

輸出タイプのCR.32型〝フレッチア〟(矢)は、7・7㎜ブレダSAFAT機関銃の代わりにイギリス製の7・7㎜ヴィッカース機関銃を搭載しており、中華民国空軍司令部は前近代的な複葉機のCR.32型をそれほど評価していなかったが、米カーチス・ホーク複葉戦闘機やボーイングP-26単葉戦闘機との比較テストにも優れた性能を示し、現場の部隊には好評であったと伝えられる。

しかし航空燃料としてアルコールやベンジンをガソリンに混合する方式は運用が複雑となり、フィアット社に追加の部品発注も無かった。そのため開戦前の1936年(昭和11年)5月には、中国のCR.32型の稼動機はわずか6機にまで減少している。

それでも翌年8月の日中戦争緒戦では首都南京の防空戦に出動して日本軍機を相手に撃墜戦果を挙げたが、12月の南京陥落までには全機が失われて、アジアに渡ったイタリア戦闘機はその短い戦歴を閉じたのであった。またフィアット社出資の航空機工場が1937年までに南京に建設されたが、3機のSM.81型爆撃機が製造されただけで、首都陥落後の運命は不明のままである。

日本陸軍の高価な買い物

こうして短い期間で翼を折られた中国大陸のイタリア軍用機であったが、思わぬ所で復活することになる。その頃、エチオピア侵攻で国際的な孤立化を深めていたイタリアは、ドイツと日本へ急速に接近、3カ国間で共産主義へ対抗した日独伊防共協定が1937年(昭和12年)11月に締結された。

そしてイタリアは8月に中華民国への航空機輸出を停止して12月には軍事顧問団の撤退を決定した。また日本陸軍は、前年に始まった日中戦争による機材不足や九三式重爆撃機の旧式化、新型の

1938年（昭和13年)8月に満州・公主嶺で編成された飛行第十二戦隊所属のイ式重爆撃機（BR.20型)。
垂直尾翼には「ナ」のマークが見える（写真提供：野原茂）

九七式重爆撃機の三菱重工での開発と配備の遅れなどの解決策を海外に求めた。

当初はドイツのハインケルHe111爆撃機を望んだが再軍備後の拡大のため計画は立ち消えとなり、代わりにイタリアと交渉を始める。イタリアはこの大きなビジネス話に飛び付き、日本陸軍はカプロニCa.135型とフィアットBR.20型を検討して後者に決定した。72機が6000万円（現在の貨幣価値で約1000億円以上）で購入されて、イタリアの航空機輸出額としては最大規模となった。1938年（昭和13年）初頭に船積みで爆弾や機関銃、各種部品と共に満州・大連港に到着してイ式重爆撃機と名付けられ、8月から満州の飛行第十二戦隊や華中の飛行第九十八戦隊に配備された。そして12月の重慶や蘭州、延安などへの戦略爆撃に就いている。

しかし実戦ではエンジン不調により稼働率が低下し、航続距離の短さも目立った。さらにイタリア製の爆弾が枯渇すると日本製では爆弾ラックへのサイズが合わないため、搭載量が軽爆撃機程度に減った。

また1939年（昭和14年）1月には、藤田雄蔵少佐

不鮮明だが、当時イタリアの雑誌に掲載された中国本土上空で作戦中の飛行第十二戦隊所属のイ式重爆撃機。手前の機体の垂直尾翼には「寿」が、奥の機体には「は」のマークが確認できる

が操縦するイ式重爆が岐阜・各務原（かかみがはら）飛行場を飛び立ち漢口に向かう途中で迷ってしまい、中国軍の対空射撃により不時着してその後の戦闘で5名全員が死亡する悲劇も起きている。この藤田少佐は同乗した高橋准尉と共に前年5月に航研機で周回航続距離の世界記録を樹立しており、日本航空界にも大きな損失であった。そして2月からの3回の蘭州爆撃では5機が撃墜され、多くが被弾して使用不能となった。

その後、三菱重工で開発された九七式重爆撃機の生産が本格的になると、生き残っていたイ式重爆撃機は徐々に満州国空軍に配備され、陸軍航空隊での実戦配備は2年足らずで終わった。また戦後、満州に残った一機は中国軍に鹵獲されて「みかど一号」と命名されている。

こうして日本には高い出費となったイ式重爆であったが、その武装や防弾装備は前線部隊には評価されており、特に12・7㎜ブレダSAFAT機関銃は後に国産化されて試製12・7㎜ホ一〇二機関砲となり、さらに改良されて一式戦闘機「隼」にも搭載された一式12・7㎜ホ一〇三機関砲の開発にも大きく寄与している。

第二部

第二次世界大戦
陸軍編

**第二次世界大戦
陸軍編1**

雪原に消えた白い悪魔達
──『モンテ・チェルビーノ』山岳スキー大隊

第二次大戦時、ドイツに協力してロシア戦線に派兵されたイタリア軍の中に、進撃と防衛戦に奮戦した山岳スキー大隊があった。ここではソビエト赤軍兵士にもその勇猛さが知られた同部隊と将兵について紹介してみよう。

〝子鹿山〟大隊の創設と復活

ここで語られる山岳（アルピーニ）部隊の始まりは割合に新しく、第一次大戦におけるイタリアの参戦と戦時動員に伴い、1915年11月に第4山岳連隊所属の山岳大隊として誕生したのが嚆矢となる。部隊名の『モンテ・チェルビーノ』（子鹿山）とは、イタリア・スイス・フランス国境に接するマッターホルン山のイタリア語名で、3個中隊で編成された部隊は、カルロ・デ・アンジェリス少佐指揮のもと北伊ロンバルディア州ティラーノで訓練を開始した。

1916年5月のビソルテ山頂やボルコラ峠を巡る戦いで大隊は初陣の洗礼を受け、1917年の一年を通してパスビオ山やイソンゾ、グラッパ山の各戦線に従軍。フィオール山やカステル・ゴンベルト山等の激戦での損害は大きく、総死傷者数は同大隊の約65%にも達するものであった。このため翌年にはパスビオ要塞に戻って再編成され、10月に再びグラッパ戦線への参加を最後に第一次大戦での戦いを終え、1919年に解隊したのであった。

その後1939年9月に欧州で大戦が始まり、翌年6月のイタリア参戦後に再び5個山岳師団内での増員が図られた。その一環として9月にフランス国境に近い北伊アオスタの中央山岳軍学校において『アブルッツィ公』山岳大隊が創設されたが、10月に始まったギリシア侵攻作戦で大きな損害を出して間もなく解隊されている。

そこで12月に同大隊の残余を基にして、前大戦で活躍した部隊名を受け継いだ新生『モンテ・チェルビーノ』大隊が、グスタフ・ザネッリ少佐指揮下で再編成された。第1山岳師団『タウリネンゼ』第4山岳連隊に所属した同部隊は、通常の山岳大隊ではなく冬期の雪中偵察やパトロール等の特殊任務も遂行可能な組織を目指し、スキー技術に精通した山岳兵や志願兵が集められたが、これは国境警

白いカバーを掛けたM33型ヘルメットを被りカルカノ騎兵銃を肩に掛け、白い雪上迷彩の防風スモック上下を着て生なりの綿布製小銃用バンダリアを巻き、防寒のオーバーブーツを履いた『モンテ・チェルビーノ』大隊兵士

雪原に伏せて、ブレダM30型軽機関銃やカルカノ騎兵銃を構える山岳スキー兵達。軽機関銃の二脚には、しばしば雪上での沈み防止用に橇（かんじき）が装着されていた。また同大隊で見られる白い防寒ニット帽も第一次大戦から伝わる雪中／スキー装備のひとつである

備に就いていたフランス軍のスキー偵察部隊に影響を受けたものであった。当初は第1、第2山岳スキー中隊と大隊司令部340名から編成され、同様に『モンテ・ローザ』大隊も創設されている。

そして大隊兵士には、ペルセンコ社製スキー板やビブラム社製ゴム靴底のスキー靴、雪中迷彩の白い防風ヤッケ上下やスキー兵用綿布製バンダリア、毛皮のチョッキや防寒セーター、極地用耐寒テント、防眩式ゴーグルやベレッタM38型短機関銃等の特殊装備が優先的に支給され、これは軍医や従軍司祭およびサービス部隊も同様であった。

このスキー装着により雪原での迅速な移動が可能となり、山岳スキー兵達は両手にストック、片足にスキー板、片足に檻（かんじき）を装着した走破訓練や、スキー滑走しながらの手榴弾投擲、交差したストック上での雪中射撃等の訓練を行った。

アルバニアの山中からロシアの平原への派遣

1941年1月13日、『モンテ・チェルビーノ』山岳スキー大隊はアルバニア・ギリシャ戦線に投入され、21日に雪中の戦闘で敵機関銃と迫撃砲により最初の戦死者を出している。マリ・イ・トラベシネスでの戦闘は苛烈で、二人の中隊長が相次いで戦死し、大隊副官のアストッリ少佐も倒れたため、ジャコモ・キアーラ中尉が前線の指揮を引き継ぎ、山岳部でギリシャ軍の砲撃に耐えながら孤立して食糧・弾薬も枯渇した部隊の戦闘はその後1カ月続く事になる。

2月20日、ようやく第11山岳連隊所属の『ボルツァーノ』山岳大隊や『シニョリーニ』戦闘団所属の『ヴァル・チスモン』山岳大隊と合流した『モンテ・チェルビーノ』大隊は、マリ・シェンデリでの防衛戦の後に反撃に転じた。しかし春になって本国のアオスタ基地に帰還した将兵達は、わずかに60名であった。

アルバニアで消耗した同大隊は一時解隊したが、1941年11月に軍司令部より再編成の命令が下り、新司令官としてマリオ・ダッダ中佐が着任した。そしてこれまでの2個山岳スキー中隊に第80山岳支援中隊が新たに加わり、兵員は600名に強化された。また民間から高い技量のスキー指導員も増強され、寒冷地装備も新たに支給された大隊の兵士達は「今度は雪のフィンランド戦線なのか?」と思ったが、実際に送られたのはロシアの平原であった。

この当時ムッソリーニ統帥はドイツへの協力として、既に1941年7月からメッセ将軍率いる兵員6万2000名のイタリア・ロシア戦線派遣軍団（C.S.I.R.）を東部戦線に送っており、『モンテ・チェルビーノ』大隊も1942年2月21日には東部戦線に到着。3月2日よりリコボとプロスキエに展開する『トリノ』および『パスビオ』歩兵師団の支援として、偵察やパトロール任務に就いたのであった。

3月22日、大隊はマイナス32度の極寒のプロスキエ戦線のオルコバトカで最初の戦闘に遭遇し、その後は『トリノ』師団砲兵部隊と協力してイズジュムへの赤軍攻撃を緩和して、第18ベルサリエリ（機械化歩兵）大隊の救出に成功したのであった。

1942年2月、ロシア戦線派遣前にコートに略帽姿のサヴォイア王家ウンベルト皇太子の閲兵を受ける、『モンテ・チェルビーノ』大隊将兵達。駅舎の壁には、イタリア語で“勇気と習慣”と書かれたスローガンが見える

雪解け後も火消し役として第3山岳師団『ジュリア』やドイツ軍部隊と共に各戦線に投入されたが、それはスキー兵ではなく歩兵としての役割であり、多くの戦闘で兵員を消耗した部隊は夏前に一時休養を余儀なくされた。それでも3月以降の勇猛果敢な戦いぶりはソビエト赤軍にも知られる事となり、大隊兵士達は畏怖を込めて〝白い悪魔達〟と呼ばれたのであった。またこれらの活躍により一部将兵にはドイツ軍からも鉄十字章が授与され、ドイツ国内でも報道されている。

1942年7月にロシア派遣軍は拡充して第8イタリア軍（A.R.M.I.R.）となった。『モンテ・チェルビーノ』大隊も8月のドン河防衛戦に参加して25日には第3快速師団『アオスタ公アメデオ皇太子』の援護を行ない、28日には第25ベルサリエリ大隊と交代してロッソシュを守り抜いた。

1942年春、列車で東部戦線に到着したアルピーニ（山岳）兵達。当初はコーカサス山岳地帯での作戦を考慮して、専門兵科の『トリデンティーナ』、『ジュリア』、『クネーンゼ』の3個山岳師団が派遣されたが、結局ドン河西岸の平原において通常の歩兵として投入されたのであった

12月にダッダ大佐が本国帰還となり、ジュゼッペ・ランベル大尉が暫定的な司令官に交代した数日後に赤軍の大攻勢が始まり、ルーマニア軍の崩壊により独伊枢軸軍は包囲の危機を迎えた。大隊は急遽ノボ・カリトワに移動して『コッセリア』歩兵師団の支援に回ったが、突破されてしまう。その後、

雪の東部戦線でスキーを履き、偵察任務で展開する同大隊兵士達。M33型ヘルメットには雪上迷彩用カバーを掛け、右の二名は空挺部隊等の少数のエリート部隊にのみ優先的に支給された、ベレッタM38型短機関銃を装備している

交通の要衝であったイワノフカやロッソシュでの後退戦に従事し、29日に独第11装甲師団の助けも得て大隊はロッソシュの市街地を再占領して一時的にドン河西岸の戦線は安定したのであった。

しかし、1943年1月12日に新たな赤軍攻勢が始まり、ロッソシュの街は破壊された。だが山岳スキー兵達は廃虚で敵を迎え撃ち、「ピスタ！」や「チェルビーノ！」と叫びながら火炎瓶や爆薬を手に戦い、敵戦車20輌の内12輌を撃破して進出を食い止めている。その後弾薬が切れるまで白兵戦を行ない、1月22日のオルコバトカ戦を最後に辛くも脱出した生き残りは春までにイタリア本国に帰還して、12カ月に渡るロシア派遣が終わった。しかし多くの将兵が戦場で斃れまた捕虜となり、故国に戻れたのはわずか70名であった。また戦後に捕虜収容所から戻れた者も15名に過ぎなかった。部隊はその武功に対して戦功勲章金章が授与され、その後解隊した。

1964年4月、第二次大戦後の新しい機動戦を重視した1個山岳空挺中隊がボルツァーノに誕生した。第5山岳旅団に所属した同中隊は1990年1月に伝統の部隊名を引き継いで『モンテ・チェルビーノ』と命名され、1996年7月には大隊規模に拡充した。1999年に大隊はレンジャー部隊となり、2004年には第4山岳空挺連隊に再編成されて、イタリア陸軍『特殊部隊作戦司令部』（C.O.F.S.）傘下の『特殊作戦部隊』（F.O.S.）のひとつに設定され、かつての栄光ある〝子鹿山〟の名称を現在にも脈々と伝えているのであった。

第二次世界大戦
陸軍編2

熱砂の戦場に散った雄羊達――『アリエテ』機甲師団

第二次大戦前半の北アフリカ戦線では、ようやく中戦車の配備が進んだイタリア軍戦車隊が、質と量で上回る英軍の戦車隊と死闘を演じていた。ここでは、そのひとつである『アリエテ』機甲師団と二人の戦車長を取り上げてみよう。

大学生から戦車兵への転身

後に戦車乗りの英雄として叙勲されたピエトロ・ブルーノは、1920年4月12日にシチリア島中部のエンナ郊外にあるチェントゥーリペに生まれた。18歳で同島のカターニア大学法学部に入学して4年間を法律の勉強に捧げるつもりであったが、その志半ばの1940年6月にイタリアは第二次大戦に参戦してしまう。そして愛国心に突き動かされたブルーノ青年は学業を中断し、8月に学生義勇兵として王立陸軍に志願したのであった。

大学生であったため、士官候補生として第3戦車連隊で教育課程を終えたブルーノは、1941年3月に少尉として任官した。イタリアではその2年前にようやく軽／豆戦車主体の機甲師団の編成が始まり、1939年4月に中部イタリアのシエナで最初の第131機甲師団『チェンタウロ』が誕生。次いでヴェローナで第132機甲師団『アリエテ』が、翌年6月にパルマで第133機甲師団『リットリオ』の3個機甲師団が創設されていた。

開戦後の英軍との戦闘では、旧式なL3／33および35型豆戦車やM11／39型中戦車は英戦車に全く歯が立たなかった。そしてそれらに代わる新型のM13／40型中戦車の量産・配備が1940年後半よりようやく始まり、まず10月に待望の新型中戦車37輌がリビアの『アリエテ』機甲師団所属の第32戦車連隊（後に第132戦車連隊に改編）第3中戦車大隊に到着し、トリポニタニアで4個中戦車大隊を中核とした「バビーニ」旅団を編成。北アフリカへ支援派遣されたドイツ軍戦車と共に、英軍との砂漠の戦車戦で一矢報いていた。

"ヴェネチア"作戦を戦う

その3個機甲師団のひとつ『アリエテ』機甲師団に着任したブルーノ少尉は、戦車技術の習得の為に第12自動車部隊の戦車教育隊で学び、1942年4月から中央戦車学校に入学して習熟訓練に励んだのであった。そして再び『アリエテ』に戻ったブルーノ少尉は、風雲急を告げるリビア戦線に送られ、第132戦車連隊第10戦車大隊第1中隊に小隊長として配属された。

『アリエテ』機甲師団に着任した頃のピエトロ・ブルーノ少尉。襟には水色の四角台布に赤い二本フィアンメを組み合わせた戦車部隊襟章が見える

少尉が着任する前の5月末時点で、この第10戦車大隊は3個中隊（第7、8および9）で編成され、将校24名、兵・下士官465名に、同年1月より配備が始まった新型のM14／41型中戦車51輌およびランチア3Ro型トラック17輌、ドヴ

ンクェ型野戦トラック8輌、移動指揮車1輌、連絡車2輌、オートバイ9台に三輪オートバイ11台等を有しており、伊軍としては比較的に充実した戦力であった。

ブルーノは5月後半に始まった〝ヴェネチア〟作戦に小隊長として参加、熱砂の戦場で中戦車を駆って戦い、初陣をトブルク奪回の勝利で飾ったが、同作戦時の円形陣地〝大釜〟での消耗戦と続く7月のエル・アラメイン進出では英軍の巧みな反撃により、『アリエテ』と『リットリオ』両機甲師団は大きな損害を被り、5月に合わせて240輌あった戦車は半数以下にまで激減していた。その後、トブルク港で揚陸された補給により戦車も新たに到着して独伊枢軸アフリカ軍は立て直しを図り、エジプト国境での戦線は膠着状態になったのであった。

激突！エル・アラメイン戦車戦

アメリカから供与されたM3グラントおよびM4シャーマン戦車の到着を待っていた英軍のモントゴメリー将軍は、500輌の備蓄を超えた時点で、反攻作戦〝スーパーチャージ〟の始動を決断、第二次エル・アラメイン戦が開始された。

1942年10月23日、1000門以上の野砲による一斉砲撃に支援され進撃を開始した英第1および第10機甲師団が、エル・アカキール高地北側で独伊枢軸軍主力と激突、英第7機甲師団が手薄な南方から進撃していった。この時、枢軸軍戦車はドイツ軍80輌とイタリア軍160輌の合計240輌であり、英軍／英連邦軍の保有戦車1200輌との戦力比は1：5に達していたが、それでも枢軸軍戦車は果敢に立ち向かったのであった。

中尉となったブルーノが所属していた第１３２戦車連隊第10戦車大隊が、英軍と戦闘開始する直前の11月2日、同大隊の兵力は将校16名、兵・下士官２０７名に半減していたが、整備兵の苦難の努力によりM14／41型中戦車37輌および車輌22輌とオートバイ3台が稼働していた。

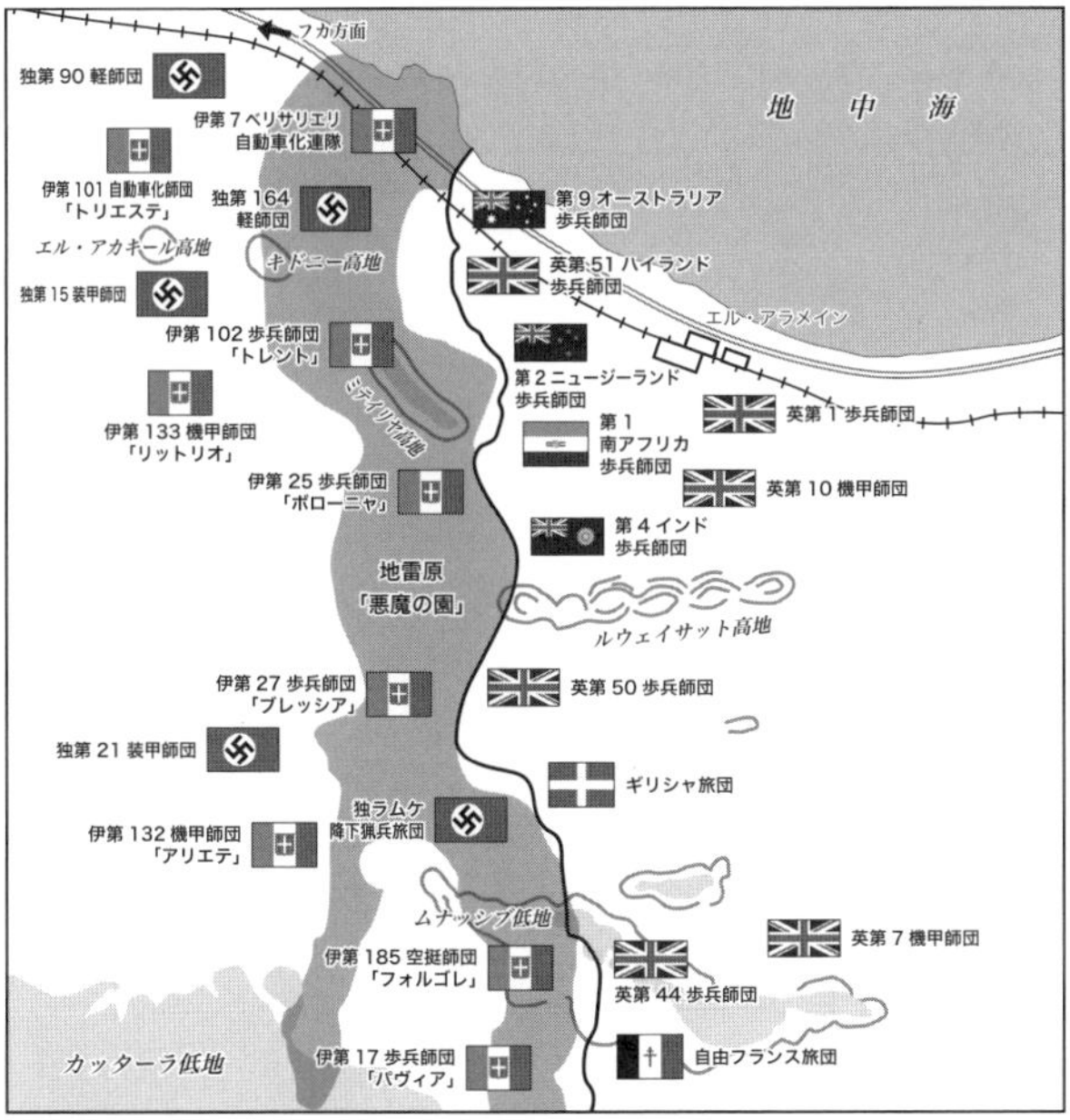

1942年10月末、第二次エル・アラメイン戦で進撃する英連邦軍と、迎え撃つ枢軸アフリカ軍団の配置図

同じ頃、ブレダ製トラックの荷台に積み込まれる、M13/40型中戦車の第3シリーズ「3370」号車。後部左側に装備された円筒形のジャッキは欠落している

しかし防御戦での行軍途中に中戦車9輌が故障で落伍して、北部のデイル・アブ・マラキスに到着したのは28輌のみであった。そして威力偵察に出撃していたブルーノ中尉も多数の敵戦車の反撃に遭い、その戦闘で右肩を負傷して彼我の戦力差を悟ったのであった。

11月4日早朝、『アリエテ』機甲師団の戦車111輌とセモヴェンテ自走砲12輌は、英第22機甲旅団を主軸とした約250輌の敵戦車群と遭遇し、ここで大規模な戦車戦が開始された。しかし敵のM4シャーマン中戦車の60㎜を超える正面装甲に対しては、M14／41型中戦車の47㎜戦車砲では歯が立たず、唯一有効弾を撃てたのはセモヴェンテ自走砲の短砲身75㎜戦車砲であった。

また敵M4の75㎜ M3型戦車砲も強力で、イタリア戦車からはアウトレンジである距離1500mから一方的に攻撃され、地平線の彼方から撃ち込まれる砲弾に1輌また1輌と敵シャーマン戦車に狩られていった。

1942年夏、第一次エル・アラメイン戦後に中尉に昇進した第10戦車大隊所属のブルーノ中隊長。わずか数カ月で変わった顔つきに過酷な戦場が偲ばれる

1942年夏頃のM14/41型中戦車。量産型のM13/40型中戦車と異なり、左右サイドフェンダーが後ろまで繋がっているのが特徴。気休めの防弾用に車体や砲塔に巻かれた履帯や燃料と水の携行用に数多く積まれたドイツ軍ジェリ缶に注目

『アリエテ』機甲師団の苦闘

そうした混乱の中、負傷していたブルーノ中尉は後方の野戦救護所への移送を拒んで戦車中隊の指揮を続け、ビル・エル・アブドでの激しい戦闘から、イタリア・ドイツ枢軸軍主力部隊の西方のフカ方面への撤退を助けたのであった。

だが、戦車戦の最中にハッチから身を乗り出していたブルーノの頭部を榴弾の破片が直撃、中尉は顔面を血まみれにしながらも敢闘精神で攻撃を続けて５００ｍの距離で撃ち合い、敵戦車に損害を与えた。しかしその直後に敵戦車砲弾がM14／41型中戦車の車体を直撃、戦車は火だるまとなり、ブルーノ中尉も運命を共にしたのであった。戦闘後、同大隊の中戦車は12輌を数えるだけとなる。この勇猛果敢で自己犠牲的な戦いぶりに対して、イタリア王国軍人としては最高の名誉である戦功勲章金章がその死後に与えられ、本国で報道されたのであった。

翌日、同じ連隊所属の第13戦車大隊第10中隊長であったルイージ・アルビブ・パスクッチ中尉は、前日の戦車戦で生き残った11輌のM13／40型中戦車を指揮して敵の死角から突撃、その混乱に乗じて残存部隊は戦線北部への退却に成功している。

しかしその代償として、殿（しんがり）を務めた中戦車中隊は全滅し、パスクッチ車も被弾により炎上。１９０９年10月30日にローマで生まれたパスクッチ中尉もエジプト北部で命を落としたのであった。この勇敢な行為に対して中尉にも戦功勲章金章が与えられ、その名は戦後の新生イタ

ローマ大学で経済学を学んだ後、1934年に陸軍に志願したルイージ・アルビブ・パスクッチ。1936年の第3突撃戦車大隊への配属以降、戦車部隊指揮官の草分けとして軍務に就いていた

リア共和国陸軍で新設されて１９９１年まで続いた第13戦車大隊『M.O.（戦功勲章金章）パスクッチ』に受け継がれていった。

そしてチュニジアへの後退戦の最中の12月13日、英第8機甲旅団の攻撃を受けた『アリエテ』『リットリオ』両機甲師団残余のM14／41型中戦車は果敢に反撃し、先のエル・アラメイン戦線での戦訓を活かして迂回攻撃で背後に回りM4シャーマン戦車22輌や装甲車2輌を撃破または損害を与え、独ロンメル元帥から称賛されている。

上／大型トラックの荷台に搭載される、M13/40型中戦車。砲塔後部に描かれた白い四角い中隊マークから、1942年にリビアに展開した第132戦車連隊所属の本部中隊車輌と思われる。

右／戦死報告と叙勲を報せる書類に掲載された、第13戦車大隊所属のパスクッチ中尉と車長を務めたM13/40型中戦車

その後、『チェンタウロ』機甲師団の１６０輌が本国から到着したものの、イタリア軍戦車隊は米軍も加わったチュニジア攻防戦で次第に消耗、1月に入ると戦車の配備数は57輌に激減していた。そして１９４３年５月８日までに連合軍の包囲網は閉じ、退路を断たれたイタリア3個機甲師団は降伏、その歴史の幕を閉じたのであった。

第二次世界大戦
陸軍編3

シチリアに散った旧式軽戦車たち

1943年7月、連合軍はイタリア本土上陸を前にシチリア島に上陸。対して戦車不足のイタリア軍は、旧式のフランス製軽戦車と、さらに旧式のイタリア製軽戦車を用意して、果敢に連合軍に立ち向かったのであった。

戦場に駆り出された老兵達

1943年5月13日、チュニジアに追い詰められたイタリア・ドイツ枢軸軍は降伏して、2年10カ月に及んだ北アフリカの戦いは終わりを告げた。次は連合軍によるシチリア島および本土上陸の危機が迫り、その前哨戦として連合軍は、チュニジアとシチリア島の中間に位置するパンテレリア島に、5月下旬から2週間に亘って猛爆撃と艦砲射撃を加えて、駐留イタリア軍を降伏に追い込み、上陸作戦に向けての安全な航路を確保していた。

既に北アフリカ戦で主力3個機甲師団を失っていたイタリアには予備戦車が少なく、虎の子であるドイツ軍貸与のⅣ号戦車やⅢ号突撃砲装備のファシスト国防義勇軍（M.V.S.N.）初の機甲師団『レオネッサ』も首都ローマ防衛に振り分けられていた（単行本「Benvenuti! 知られざるイタリア将兵録【上巻】」97ページ参照）。しかし、イタリア軍も手をこまねいていた訳ではなく、1943年1月にはバルカン半島モンテネグロ駐留の第31戦車連隊所属の旧式なフィアット3000（L5）型軽戦車2個中隊を引っ張り出して、シチリア島への派遣を決めたのであった。

第1および第2軽戦車中隊に配備されていたこの2人乗り戦車は、第一次大戦中にフランスで開発されたルノーＦＴ・17型軽戦車をフィアット社でコピー・改良したものであった。１９２１年から量産配備が始まり、６・５㎜または８㎜機関銃を2挺装備したＬ５／21型が１００輌、40口径37㎜戦車砲や、一部は無線機装備のＬ５／30型が40輌配備され、30年代に誕生したイタリア戦車部隊の主力であったが、もはやこの時代では老兵となっていた。

各中隊は2個小隊で編成され、各小隊にＬ５型が4輌、中隊司令部に1輌が配備され、一部は37㎜戦車砲装備のＬ５／30型であった。各中隊は、中型トラック2輌や小型トラック1輌、軍用サイドカー1台、軍用バイク2台を保有。第1中隊はアルフレッド・グッツォーニ将軍指揮下でシチリア島防衛を担当したイタリア第6軍の第12軍団に所属して、東部海岸沿いカターニア近郊のスコルディア基地に、第2中隊は第6軍第16軍団に所属して南西部海岸沿いアグリジェント近郊のリカータ基地に配置され、両中隊は防衛体制の準備に入った。

1943年1月、シチリア島防衛部隊を視察する国王ヴィットリオ・エマヌエーレⅢ世（車内後席で立っている人物）と閲兵を受けるフィアット3000軽戦車中隊。写真に写る4輌は、8㎜機関銃2挺を砲塔上部に搭載したMod.21後期型である（Antonio Tallillo氏提供）

外国製助っ人戦車の到着

Ｌ５軽戦車は元をたどればフランス由来であったが、そのフランス製の戦車も国内の防衛用や訓練用として導入されていた。これは第二次大戦に参戦した1940年6月以降も戦車の量産が遅れていたイタリア軍が、同年の対仏戦に勝利したドイツ軍に、鹵獲フランス戦車の供与を要請した結果で、翌年4月から2人乗りのルノーR35型軽戦車がイタリアへ到着し始めた。当初はM.R.35型戦車の呼称が与えられたが、通常は単にR35型と呼ばれた。そしてドイツ軍と同様にマレッリRF1 CA型無線機の搭載が検討され、最終的には124輌が配備されたのであった。

ドイツ軍に鹵獲されてジャーマングレー色に塗られたルノーR35型軽戦車。砲塔側面には初期型の双眼式視察装置が見えるが、後部には後期型の特徴である尾橇が追加装備されている

このR35型は前述のルノーFT・17型の後継となる歩兵支援用の軽戦車として開発され、水平ラバー・スプリングを装着した新設計の足回りを持っていた。鋳造製の砲塔と上部車体は最大装甲厚40㎜で当時の軽戦車としては破格の防御力であったが、搭載兵装はFT・17型と同じ旧式な余剰兵器の21口径37㎜戦車砲で、対戦車戦闘は困難であった。

R35型はまず第4戦車連隊に配備が始まり、第101および第102戦車大隊に到着した。1941年7月にはシエナで第131機甲師団『チェンタウロ』所属の第31戦車連隊から新たに編成された第131歩兵戦車連隊に、前述の第101および第102戦車大隊が配置転換され、イタリア戦車兵によるフランス製戦車への慣熟訓練が始まった。

これも1943年1月にシチリア島で国王の閲兵を受けるR35軽戦車と戦車兵達。これらの軽戦車が7月の連合軍上陸に対して最初の反撃を行った（Nino Arena氏提供）

第131戦車連隊は1942年9月までに109輌のR35型を受領し、翌年1月には第6軍第16軍団所属としてシチリア島防衛に送られ、スコルディア基地で訓練を始めた。第101大隊は第12軍団所属となり、第102大隊のR35型はA、BおよびC戦闘団に配備されて、第12大隊所属のL3／35型豆戦車や第133大隊所属のL40 47／32型自走砲（セモヴェンテ）と共にシチリア島西端のパチェーコで混成部隊を編成した。

第101大隊も同様にDからH戦闘団に分散配備され、前述の第2中隊所属のフィアット3000型軽戦車9輌と共に東部沿岸地区やカターニアの空港警備に就いた。しかし現地部隊からは、サスペンションや差動装置の過熱による消耗と予備パーツ不足で最低限の訓練が滞る件も報告されている。この101大隊では第1中隊は跳ね馬、第2中隊は牡羊（アリエテ）の頭、第3中隊は電光の部隊マークを各R35型軽戦車の砲塔側面に描いている。

軽戦車部隊の苦闘と最期

1943年7月11日早朝、遂に連合軍は兵力16万名と戦車600輌によるシチリア島上陸〝ハスキー〟作戦を開始し、南東部海岸に英軍が、南部海岸に米軍が上陸用舟艇で殺到した。イタリア第6軍23万名とドイツ南方軍4万名および枢軸軍戦車265輌が迎え撃ったが、その半数近くが対戦車戦能力がほぼ皆無の軽戦車や豆戦車であった。

　第4歩兵師団『リヴォルノ』が防衛する南部ジェーラ海岸に向けて、リカータから2個戦闘団のR35型32輌とL3／35型16輌およびL5型数輌が国道115線を東に進んだ。早朝6時前に到着したジュゼッペ・グラニエーリ大尉率いるE戦闘団の第101大隊第1中隊所属のR35型15輌は、上陸したM3中戦車およびM4シャーマン中戦車を相手に果敢に突撃したが、全く歯が立たなかった。その後、米軽巡洋艦「ボイシ」の15・2cm砲による猛烈な艦砲射撃で10輌が失われ、米第1および第2レンジャー大隊の37mm対戦車砲や60mmバズーカ砲による反撃で2輌が撃破され、軽戦車部隊は午前中に全滅の憂き目に遭ってしまう。

　またフィアット3000型軽戦車第2中隊所属の一部は、ジェーラ海岸の壕に埋められトーチカとして使用されて残りは遊撃戦に回されたが、R35型以上に対戦車能力の無い同戦車では歩兵相手の戦闘以外は役に立たず、各個撃破されている。この時、同海岸を防衛したM.V.S.N.軍第429沿岸警備大隊の戦死および負傷者は197名を数え、その損害は49%に達したのであった。またD戦闘団は南部のパラッツォ・アクレイデの戦闘で5輌を、F戦闘団

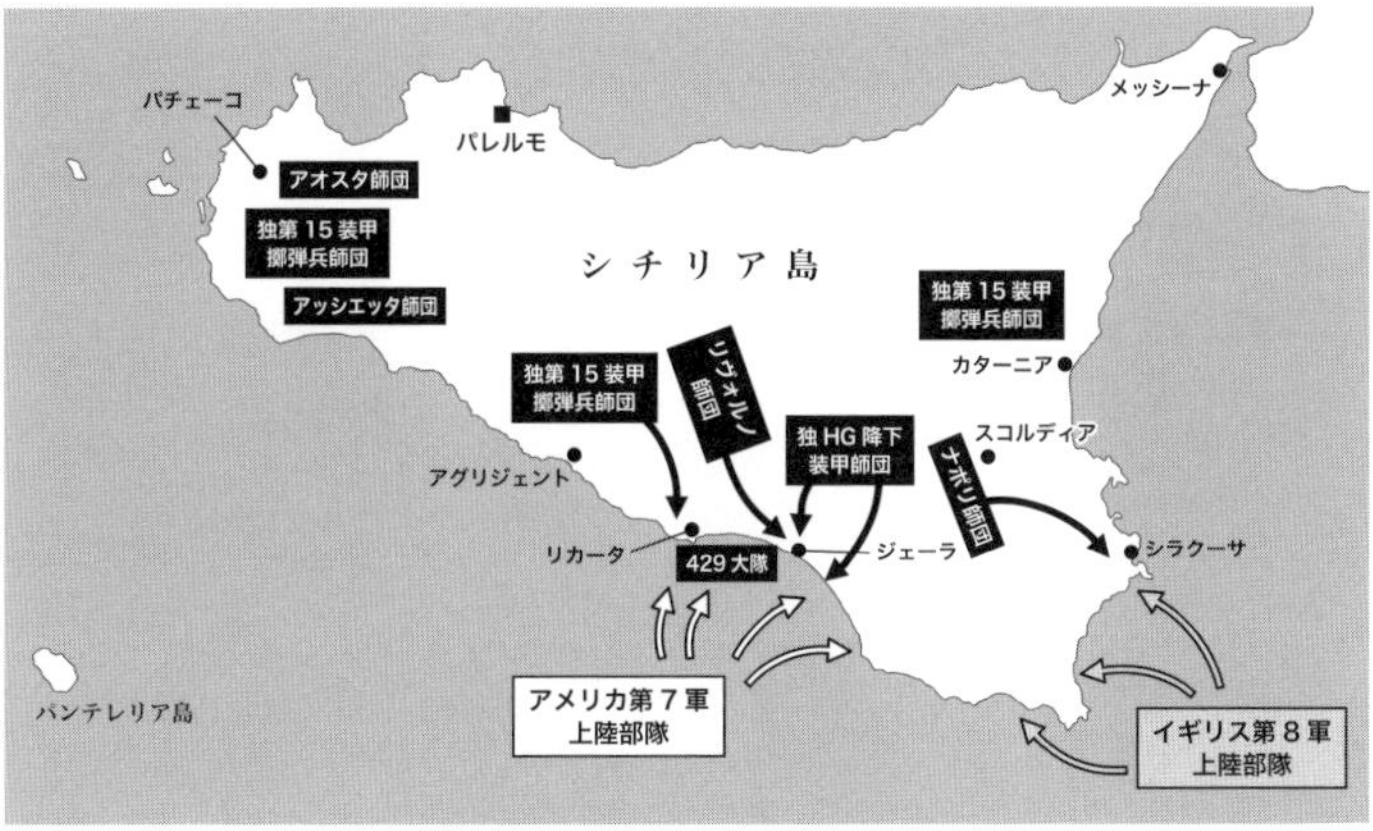

1943年7月11日に始まった連合軍によるシチリア島上陸作戦"ハスキー"の状況図。東南部海岸にイギリス第8軍が、南部海岸にアメリカ第7軍が上陸し、それを枢軸軍が迎え撃った

飛行場警備中にアメリカ軍に鹵獲された、フィアット3000 Mod.21後期型とその前でMP腕章を巻いた米軍憲兵と話す2人のイタリア軍将校達（Bruno Benvenuti氏提供）

もシラクーサ近郊のロッソリーニにおいて英軍との戦闘で4輌のR35型を失っている。

それでも第6軍グッツォーニ司令はドイツ軍に協力を仰いで反撃を続け、イタリア軍軽戦車部隊は絶望的な戦闘の中で時間を稼いだ。そして『リヴォルノ』歩兵師団は多大な出血を被る中、47㎜対戦車砲や肉迫攻撃で米軍に損害を与え、独空軍『ヘルマン・ゲーリング』降下装甲師団所属のⅣ号戦車や第504重戦車大隊第2中隊所属のティーガーI型戦車が、ジェーラ海岸の上陸部隊を一時的に包囲して数百名を捕虜にしている。そして37日の防衛戦後、残存部隊はメッシーナ海峡を渡って撤退。9月のイタリア休戦時にR35型18輌、L5型14輌（内L5／30型2輌）が本土に残されていたが、旧式軽戦車達は枢軸軍で再び実戦に使用される事はなかった。

左側履帯が外れ砲塔を後ろに向けたまま路肩に放棄された、第101戦車大隊第2中隊所属のR35型。砲塔キューポラは白く塗られ、側面には中隊マークの牡羊の頭が描かれている。そのベースは第2中隊色の青色であった

第二次世界大戦
陸軍編4

シャーマン戦車を迎え撃て!——M41 90／53型自走砲の戦い

対戦車兵器が不足していたイタリアでは、トラックに対空高射砲を搭載した自走砲が地上戦に転用された。その後、同型砲を搭載した究極の装軌式自走砲が開発され、新設部隊はシチリア防衛戦に投入されたのであった。

戦車に搭載された高射砲

イタリアは第一次大戦時から、トラックに野砲を搭載したセモヴェンテ（自走砲）を積極的に配備していた。1940年の西方電撃戦では、ドイツ軍の8・8cm高射砲が装甲の厚い連合軍戦車に水平射撃を行い大きな戦果を挙げていた。イタリア軍は1941年から参加した東部戦線で、重装甲のソ連軍戦車に対して47mm対戦車砲では非力であることを悟り、対戦車戦闘の切り札として、履帯式の車体に90mm高射砲を搭載した対戦車自走砲の開発が1941年夏以降に開始された。

アンサルド社製53口径90mmM39型高射砲は、最大射程が対地

ランチア社製3Ro型トラックにアンサルド社製53口径90mmM39型高射砲を搭載した自走高射砲。折畳み式の円形ターレットや車体側面の四隅には、射撃時に降ろす安定装置が見える

後部から見たM41型自走砲。90/53砲を挟んで左右に砲手の座席が設置され、車体下部には左右の砲弾ラック（各4発）ハッチが見える（Nicola Pignato氏提供）

上面から見たM41 90/53型セモベンテ（自走砲）量産型。防盾天板の白い円は対空識別標識で、左右に間接照準器用の長方形の穴が見え、砲尾は外に突き出ている

射撃で1万7400m、初速850m／秒、距離1000mで90㎜、500mで109㎜の傾斜装甲板を貫徹可能で、これは当時の大抵の連合軍戦車を撃破可能な数値であった。

試作のベースには同社で開発中のM14／41型中戦車が選ばれたが、大型砲の搭載により車体は17㎝延長され、エンジンも車体中央に移された。1942年3月に試作車輌が作られて各種試験が行われ、若干の変更を加えて翌月に完成した。

装甲厚は、車体前面は30㎜、側面と後面は25㎜で、防盾前面は15㎜、側面は9㎜、上面は6㎜であった。密閉式の戦闘室ではなかったが、基本的には敵の射程外から有効弾を撃ち込む戦法をとるため大きな問題とはされず、車載機関銃も装備されていなかった。搭乗員は車長と操縦手、砲手2名の計4名で、砲の左右に砲手が座り、息を合わせて仰角／俯角ハンドルを回して素早い操作が可能で、天井から突き出た二つの間接照準器で狙いを定めた。

砲弾は車体後部下の左右ラックに4発ずつ計8発を搭載したが、さらにL6／40型軽戦車を改造した、M38型車載機関銃1挺を装備した2人乗りの専用弾薬運搬車が開発された。これは戦闘室に増設した左右ラックに90㎜主砲弾を26発が搭載可能で、加えて40発入りの専用トレーラーを牽引でき、合計66発を運搬できた。90㎜自走砲には、この弾薬運搬車1輛が常に同行する方式であった。

自走砲部隊の新設と新たな派遣先

1942年4月、ウーゴ・カバレッロ将軍の監査を受けた新型自走砲は、満足の行く試験結果からM41 90／53型自走砲として制式化され、同年中に30輛が生産された。そして初期生産の6輛は、ローマ南部ネットゥーニア郊外の砲兵学校に配備されている。M41型自走砲に対して同数の弾薬運搬車と牽引車、M13／40およびM14／41型中戦車の砲塔を撤去した自走砲部隊の専用指揮戦車カルロ・コマンドを半数用意することとなった。

4月27日には3個自走砲大隊の編成が始まったが、1個大隊は2個砲兵中隊と1個補給隊から構成され、自走砲8輛とカルロ・コマンド4輛、弾薬運搬車8輛、AS37型牽引車12輛、重トラック19輛、軽トラック9輛、移動司令車1輛、乗用車4輛、軍用バイク14台などと、人員は将校18名、下士官24名、砲兵235名から成り、わずか8輛の自走砲を運用するためにこれだけの大所帯が必要であった。また3個大隊で1個連隊を形成して、将校12名の司令部と重トラック1輛と軽トラック9輛、カルロ・コマンド1輛などの輸送部隊（兵員119名）も配備された。

M41 90/53型自走砲用にL6/40型軽戦車の砲塔を撤去して戦闘室左右に砲弾ラックを増設した専用弾薬運搬車（26発運搬）。グレーグリーン単色に塗られ、後部にはさらに予備弾薬を積んだ二輪トレーラー（40発運搬）が見える

1943年、迷彩塗装に塗られてシチリア島防衛に派遣された、第10対戦車自走砲連隊第161大隊所属のM41 90/53型自走砲と搭乗員達。自走砲の戦闘室防盾の側面には、円形に四葉のクローバーの部隊マークが描かれている（Daniele Guglielmi氏提供）

第161大隊がカザーレ・モンフェラート、第162大隊がアックィ、第163大隊がピエトラ・リーグレで編成されて、東部戦線の第8軍への配備が決まり、ネットゥーニアの砲兵学校で転換訓練を受けている。10月に連隊は第10対戦車自走砲90／53型連隊に改名され、第161大隊と第162大隊が派遣の準備に入った。

しかし1942年秋には、東部戦線での枢軸軍はドン河で行き詰まり、伸び切って脆弱な補給線の問題や、自走砲の運用に大規模兵力が必要なことからも派遣は現実的ではなくなっていた。加えて北アフリカ戦線の枢軸軍も消耗して防御陣地に立て籠っており、危機が迫っていた。そこで自走砲連隊の派遣先は本土に近いシチリア島に変更されて第6軍に配属となり、24輌は12月にメッシーナ海峡を渡った。そして第161大隊が中央部のサン・ミケーレ・ガンツァリーアに、第162大隊が西部のサレーミに、第163大隊が東部のパテルノーに駐屯している。

シチリア島での初陣と苦闘の顛末

第10対戦車自走砲連隊が着任して半年も経たずに、チュニジアのドイツ・イタリア枢軸アフリカ軍団は、1943年5月12日以降に相次いで降伏。次は本土に近いシチリア島に危機が迫った。そして、

7月10日に始まった連合軍の〝ハスキー〟上陸作戦において、M41 90／53型自走砲（セモヴェンテ）はついに敵戦車を迎え撃つこととなった。

しかし実際に運用してみると射撃準備に時間が掛かり、過重による走行装置の故障も多発した。また当初は前線から遠距離の運用を想定したため無蓋の戦闘室になったが、近接戦で搭乗員達を小火器からの攻撃にさらす危険があり、機銃掃射の被害も懸念された。さらに車体には砲弾が8発しか搭載できず、トレーラー付き弾薬運搬車を随伴する方式も戦場ではリスクを伴った。そして対空用高射砲として開発された90／53砲は射程と精度には優れていたが、対戦車兵器として威力を発揮する成形炸薬弾（HEAT弾）（※1）が装備されていなかった。

そうした問題点が明らかになった中でも、第161大隊（ボスコ少佐指揮）は連合軍の上陸作戦初日に国防義勇軍（M.V.S.N.）所属の第207沿岸防衛師団（シュレイバー少将指揮）を支援して、アメリカ第7軍が上陸した中央南部のジェーラ海岸付近のカンポベッロ・ディ・リカータで防衛線を構築した。

そしてM41型自走砲は、期待に応えて2日間の戦闘でアメリカ軍のシャーマン戦車9輌を行動不能にしたが、翌日には反撃で3輌の自走砲が失われて

シチリア戦で撃破されたM41 90/53型自走砲。戦闘室側面の防盾が外れているので、砲架上の構造が判る。90/53砲の最大仰角は24度で俯角は-5度、左右の旋回角は各45度であった（Daniele Guglielmi氏提供）

シチリア島防衛戦終盤のメッシーナで、アメリカ軍に鹵獲された「R.E.5825」号車。同車は戦後、アメリカに送られて調査された。車体は三色迷彩で塗られ、防盾側面には自走砲のシルエットを白く描いた部隊章が見える

（※1）HEAT…High Explosive Anti Tank

しまった。そこで第162（ロッシ中佐指揮）および第163大隊（チンゴラーニ少佐指揮）が支援に向かったが既に制空権は奪われており、前線への移動はかなわなかった。

それでも生き残った車輌は、第207沿岸防衛師団と第4歩兵師団『リヴォルノ』残余にドイツ第15装甲擲弾兵師団の一部が加わった『シュレイバー』戦闘団と共に反撃して、一時的に戦線を立て直している。

7月17日、第10連隊で稼動するM41型自走砲は、戦闘の損失に機械故障も加わり第163大隊の4輌にまで減少。そこで同島北部のニコジーアへ移動して第28歩兵師団『アオスタ』と合流してドイツ第15装甲擲弾兵師団に加わり、ヴェローナ大尉の指揮下で転戦した。しかし大尉は戦死、ドイツ軍から一級鉄十字章を申請されている。

そして8月6日に生き残った3輌が最後の射撃を行い、さらに2輌に減って同島最北端のメッシーナに辿り着いたがここで力尽き、連合軍に鹵獲されたのであった。この内の1輌（R.E.5825）がアメリカに送られて調査され、その後はアバディーン戦車博物館に展示された。また9月のイタリア休戦後にネットゥーニア砲兵学校に残された数輌のうち、少なくとも1輌がドイツ軍に接収され、第26装甲師団に配備されてその後の防衛戦で使用されている。

強力な火力を備えたイタリア最強の対戦車自走砲として戦場での活躍を期待されたM41 90／53型とその運用部隊であったが、脆弱な走行性能に加えて、デビューの遅さや生産数の少なさから、その性能を十分に発揮できずに終わったのであった。

1944年春、無蓋車に乗せられて輸送中のドイツ国防軍第26装甲師団に所属したM41型自走砲。接収後の前年暮れには、アドリア海側ペスカーラ近郊のキエーティ南部で使用されていた（Daniele Guglielmi氏提供）

第二次世界大戦
陸軍編5

戦場に散った羽根飾りと義勇兵——ベルサリエリ部隊『ベニート・ムッソリーニ』

現代も続くイタリア軍独自の兵科であるベルサリエリは、第二次大戦中の休戦後も南北に分かれて再編され、枢軸側R.S.I.軍では早くから義勇部隊が編成されてドイツ軍と共に戦った。本稿ではそのひとつを紹介しよう。

伝統兵科からの義勇部隊

イタリア陸軍独自の兵科であるベルサリエリとは、元来は「狙撃兵」を意味する名誉称号であるが、近代においては機械化または自動車化歩兵の役割に変わっていった。その歴史は古く19世紀までさかのぼり、1836年7月にトリノで編成された選抜ライフル中隊を起源としている。その後は1843年に大隊規模となり、サヴォイア王家と共にイタリア独立戦争や統一運動（リソルジメント）でも軍の中核として戦ったのであった。

そうした伝統を持つベルサリエリ部隊であったが、第一次大戦を経て第二次大戦でも精鋭部隊としてアフリカからロシアまで全ての戦場を転戦し、1943年9月8日のイタリア休戦後も南北二つの陣営に別れて再編された。そして枢軸軍側のイタリア社会共和国（R.S.I.）でもドイツ軍の捕虜や志願兵から第1ベルサリエリ師団『イタリア』が創設され、翌年春からドイツ南部ヴュルテンベルク

L6軽戦車ベースのL40型セモヴェンテ（自走砲）に乗って、ドイツ陸軍山岳猟兵と握手を交わす第1義勇ベルサリエリ大隊『ベニート・ムッソリーニ』所属兵士のプロパガンダ写真

スロヴェニア国境近くの戦線で、ドイツ陸軍山岳猟兵と共にタバコをくわえて小休止する『B・ムッソリーニ』大隊のベルサリエリ兵達。右側面のホルダーに伝統の羽根飾り（ピューメ）を付けているが、マルーン色2本フィアンメ（炎）型襟章には休戦以前と同じサヴォイアの星章が付いたままである

でドイツ式の再訓練が始まった。

しかし、こうした編成完了までに時間の掛かる正規師団とは別に、祖国の急を聞いて自発的に集まった義勇兵によるベルサリエリ部隊も数多く存在した。その一つがムッソリーニ統帥の名前を冠した部隊であった。第1義勇ベルサリエリ大隊『ベニート・ムッソリーニ』は、イタリア休戦直後の1943年9月後半には早くも元第8ベルサリエリ連隊の補給所であった北伊ヴェローナのサン・ゼノ兵舎を基地として、新たに編成された。

指揮官はM.V.S.N.（国防義勇軍）海上砲兵隊出身のヴィットリオ・ファッキーニ中佐で、当初は雑多な兵科の集まりであったが、そこにヴェローナの対戦車中央教導群の兵員が加わり大隊の中核となった。この部隊はエル・アラメイン戦前に北アフリカから帰還していたベルサリエリ下士官で構成されており、士気が高く実戦経験も豊富であった。また中央軍事列車輸送隊東部部隊の将兵やヴェローナ出身の学生志願兵が加わり、さらにサン・ゼノ兵舎に残っていた兵員もファッキーニ中佐の要請により、ドイツ軍の捕虜を免れて大隊の一員となった。

こうして1943年10月初めには、将校33名と下士官94名、兵622名の兵員749名から成る第1義勇ベルサリエリ大隊『ベニート・ムッソリーニ』が構成されたが、当初は分遣隊100名が新設されるイタリア人武装SS師団の中核となる構想もあり、第1武装SSベルサリエリ大隊『ベニート・ムッソリーニ』と呼ばれる事もあった。

そのため初期の同大隊所属の一部将兵のヘルメットには、右側面のホルダーに伝統の羽根飾り（ピューメ）を着用しながら、左側面にはドイツ軍とは逆に黒地の盾に白いSSルーン章が描かれたマークが確認される。また一時期だけ第8ベルサリエリ連隊第1大隊と呼ばれる事もあった。そして翌年5月までに5個中隊まで増設され、最大時となる1944年6月には将校39名と下士官98名、兵1062名の将兵計1299名を数えている。

創設時の第1義勇ベルサリエリ大隊を指揮したヴィットリオ・ファッキーニ中佐と副官。襟章には金属製の髑髏章の代わりにR.S.I.軍を示すリースとグラディオ（短剣）章を着用しているが、M33型ヘルメットのベルサリエリ部隊用ステンシルの円内には、同大隊の司令官を示す白い髑髏が描かれている。またベルトに下げたM.V.S.N.（国防義勇軍）型ナイフや左胸の略授上に見える潜水艦搭乗員章にも注目

同大隊はフィアット626型トラック6輌とトレーラー6台、連絡車輌や軍用バイクを保有していたが、兵員に対する機械化装備としては足りておらず、ロバ30頭なども動員されて様々な輸送任務に就いていた。

武装は27口径75㎜野砲2門や25㎜ホチキス対戦車砲6門、81

㎜迫撃砲20門、20㎜ブレダ機関砲6門、20㎜ゾロターン対戦車銃1挺ないし2挺に加えて32口径47㎜対戦車砲装備のL40型セモヴェンテ（自走砲）1輌も配備しており、そこそこの火力を有していたと言える。

小火器も雑多な構成で、主力のカルカノM91／38型騎兵銃以外に8㎜ブレダ重機関銃20挺や英ブレン軽機関銃30挺、ベレッタM38型短機関銃や仏MAS38型短機関銃と共に英ステン短機関銃70挺も装備された。なおこれらのイギリス製銃器は、連合軍がパルチザン支援用にパラシュート投下したコンテナに積まれていた装備を押収したものであった。

中期の『B・ムッソリーニ』大隊は、襟章として金属製の髑髏章を着用する独特の軍装様式であったが、ヘルメットステンシルも特徴的で、従来は連隊番号を入れる円内に左向きの黒い髑髏が入った。（Franco Mesturini氏提供）

戦地でのベルサリエリ兵達

ヴェローナで編成されて統帥の名前を付けられた義勇ベルサリエリ大隊は、1943年10月10日以降に第一次大戦の激戦地であったカポレット南東のイソンゾ川渓谷やバッチア渓谷などのカルスト台地に送られ、ユーゴスラヴィア側から侵入するスロヴェニア人パルチザンや休戦後に勢力を拡大した共産系イタリア人パルチザンとの戦闘に備えた。

そして大隊のベルサリエリ兵達はゴリツィア～ピエディコッレ間のkm.82からkm.109ポイントに掛けての鉄道線の警備に当たり、サンタ・ルチアやトルミーノの町を5カ月に渡って守り抜いている。その後、1944年4月には1924年および25年生まれの若い新兵達が補充で到着して、ようやく部隊は一息ついたのであった。

またこの頃、大隊は書類上で義勇部隊から第15沿岸防衛大隊に昇格している。これは、アドリア海沿岸のスロヴェニア国境地帯であるＯＺＡＫ地区（本書１０５ページ参照）の防衛用に義勇ベルサリエリ大隊が集められて、17個大隊（各3～4個中隊編成）が配置されたが、その中でも『ベニート・ムッソリーニ』大隊は兵力および機動力、戦闘力において抜きん出ていた。

また原隊の第8ベルサリエリ連隊も拡充され、１９４４年2月に第2大隊『ゴッフェルド・マメーリ』（イタリア統一運動の英雄で現国歌の作詞者名）が4個中隊兵員６５０名で、１９４４年5月は第3大隊『エンリコ・トーティ』（第一次世界大戦の片脚の自転車兵名。『Ｂｅｎｖｅｎｕｔｉ！ 知られざるイタリア将兵録【上巻】』参照）が3個中隊兵員４１４名で編成された。これにより第8連隊は、義勇ベルサリエリ連隊『ルチアーノ・マナーラ』（イタリア独立戦争時のベルサリエリ軍団司令官名）となり、初代指揮官には『ベニート・ムッソリーニ』大隊長を務めたファッキーニ大佐が就任した。

そして第1大隊は引き続きゴリツィア北部の防衛に就き、6月29日に始まったスロヴェニア人パルチザン第9軍団の攻勢では、7月5日まで激しい山岳戦が繰り広げられた。敵は2個師団でその内訳は8個旅団と2個砲兵隊や各種独

『B・ムッソリーニ』大隊所属『フォルゴレ』隊の式典写真。防風ヤッケを着た中央の下士官は、マルーン色襟章にドイツ軍戦車兵用の金属製髑髏章を着用し、右の元11軍団所属の将校はM.V.S.N.服に黒い襟章のままであったりと、雑多な出身からの編成を物語っている（Carlo A Panzarasa氏提供）

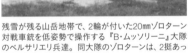

残雪が残る山岳地帯で、2輪が付いた20㎜ゾロターン対戦車銃を低姿勢で操作する『B・ムッソリーニ』大隊のベルサリエリ兵達。同大隊のゾロターンは、2挺あったというヴェテランの証言もある

立部隊の約8000名から成る大兵力であったが、大隊のベルサリエリ兵350名と『タリアメント』連隊のアルピーニ（山岳）兵180名は犠牲を払いながらも防ぎ切っており、その戦功は高い評価に値する。さらに9月にもパルチザン第9軍団の攻撃が再び行われたが、敵に大きな損害を与えて撃退している。

この頃、第1ベルサリエリ師団『イタリア』や他の3個師団は、ようやくドイツ国内で再訓練を完了してイタリアに帰還する段階に入っていたので、こうした義勇部隊の国内での奮戦がR.S.I.正規師団の編成準備を支えていたと言える。

1945年1月、大隊はイタリア人パルチザンのガリバルディ師団『ナティゾーネ』討伐戦に参加して、3個旅団を壊滅させる戦果を挙げた。しかし度重なる戦闘で部隊は消耗しており、3月には将校30名と下士官140名、兵455名の兵員625名に減少していた。そして4月29日に戦闘が終了して約560名以上がスロヴェニア側の捕虜となったが、180名近くが射殺されて脱走した19名が殺され、65名が病死している。そして1947年6月に最後の捕虜が帰国して、統帥の名前を冠した部隊は短い歴史に幕を閉じたのであった。

1944年秋、ユーゴスラヴィアで展開中の義勇ベルサリエリ連隊『ルチアーノ・マナーラ』、第2大隊『ゴッフェルド・マメーリ』の兵士達。一番右の兵は、ドイツ陸軍純正のM43型ズボン（カイルホーゼ）を着用している。また、各兵士達が着ているローカルメイドの迷彩テント/ポンチョ潰しの短ジャケットに注目。
（Carlo A Panzarasa氏提供）

第二次世界大戦
陸軍編6

「ドイツ人」にされたイタリア人治安部隊——SS警察連隊『ボーゼン』

第二次大戦後半のイタリア休戦後、北部ではその一部がドイツに占領されて、ドイツ系住民を中心にドイツ軍や準軍事組織に徴兵されていった。そして元イタリア人達は故郷を離れた場所で、イタリア人からの攻撃で命を失っている。

北伊に誕生したドイツ警察連隊

イタリア休戦直後の1943年9月、イタリアに侵攻したドイツは、アルプスに面した北東部のトレンティーノ＝アルト・アディジェ州（州都トレント）を中心とした南チロル地方を完全な支配下に置いた。これは元々、同地域が1918年10月の第一次大戦終結まで「未回収のイタリア」として数百年に渡りオーストリア・ハンガリー二重帝国の支配下にあった事にも起因する。

このアルト・アディジェ州は、現在も30％の住民が家庭内ではドイツ語を話しており、ドイツ語の新聞も発行され、ドイツビールが飲まれてドイツ料理が食べられ、フランス文化圏の影響が強い北西部のヴァッレ・ダオスタ州と並び、イタリアでも特別な地域と言える。

そしてこの南チロルを占領したドイツ軍は、一帯を「アルプス山麓作戦区」（OZAV※1）と名付け、オーストリア人のフランツ・ホーファーを大管区指導者として任命した。そして1924～25年

（※1）OZAV…OperationsZone AlpenVorland

生まれのドイツ語系住民の若者から徴兵が行われ、ドイツ国防軍や武装親衛隊（ＳＳ）、軍事施設建設を行うトート機関、トレント防衛隊などへの登録が強制された。

この時、１９４３年２月から既にＳＳ組織に隷属していたドイツ秩序警察部隊でも募集が行われ、１９４３年10月にはアロイス・メンシック大佐の指揮の元で兵員２０００名の警察連隊『南チロル』が編成され、すぐに募集地の名を取って『ボーゼン』（イタリア語名ボルツァーノ）に改名された。

1939年に撮影され、後に南チロル（OZAV）の大管区指導者（知事）に任命されたフランツ・ホーファー（右端）と秩序警察長官のクルト・ダリューゲ（中央）および内務大臣のヴィルヘルム・フリック（左端）

1944年春、ボーゼンのグリエス兵舎前で出陣式を行うSS警察連隊『ボーゼン』の兵士達。背景には南チロルのアルプス山脈が見える

1944年末、スロヴェニア国境地帯で展開中の第I大隊所属の所属の旧式なランチア1ZM型装甲車。第一次大戦時から使われていた車体はラフな蛇行迷彩で塗られ、砲塔にはフィアット・レヴェッリM14/35型機関銃が見える。またソリッド式からチューブ式タイヤに履き変えている

当初、同連隊は4個大隊編制で計画されたが、予定より兵員が集まらずに、間もなく3個大隊（各4個中隊編制）に改編されて、対パルチザン戦を含んだ新兵教育が行われた。１９４４年1月には、イタリア駐留の武装ＳＳ部隊および治安警察部隊を指揮したカール・ヴォルフＳＳ大将も同連隊を閲兵。そして同年3月から各3個大隊の任務地への派遣が始まり、4月からはＳＳ警察連隊『ボーゼン』に再び改名されたのであった。

同連隊の兵士は、青緑色のドイツ警察部隊の野戦服や記章を着用していたが、武装は主にイタリア休戦後に鹵獲された６・５㎜カルカノＭ１８９１型小銃や騎兵銃をイタリア軍のベルトや弾薬盒と共に使用して

おり、中には古いドイツ製7・92㎜モーゼル98a型騎兵銃の使用も見られる。さらに9㎜ベレッタM38型短機関銃や6・5㎜ブレダM30型軽機関銃および8㎜ブレダM37型重機関銃、フランス製8㎜サン・エチエンヌM07型重機関銃も使用している。またドイツ軍の棒状手榴弾も使用され、結束して車輌攻撃にも使われた。

ドイツ人としての治安戦と戦場

編成を終えたSS警察連隊『ボーゼン』の第Ⅰ大隊（第1〜第4中隊）の兵員900名は、トリエステのドイツ秩序警察に所属して「アドリア海キュステンランド作戦区」（OZAK※2）に展開した。同戦区ではドイツC軍集団が駐留していたが、大隊はその輸送ルートの警備やパルチザン掃討戦に従事している。

また第Ⅰ大隊は連隊唯一の機械化部隊であり、イタリア休戦後に鹵獲された626型トラック改造の装甲兵員輸送車に加えて、ランチア1ZMおよびAB41装甲車やL3／33およびL3／35豆戦車も各1輌ずつ配備されていた。

1944年4月5日に始まった〝ボーゼン〟作戦では、ドイツ国防軍第278歩兵師団や第188山岳予備師団および

1944年夏、パルチザン掃討戦におけるSS警察連隊『ボーゼン』第Ⅰ大隊所属のAB41型装輪装甲車。上に跨乗した略帽姿の兵士は、イタリア迷彩生地のズボンを履いて旧式のモーゼル98a型騎兵銃を手にしている

（※2）OZAK…OperationsZone Adriatisches Küstenland

フィウメ付近の対パルチザン戦に出動した第Ⅰ大隊所属のフィアット626型トラック改造の装甲兵員輸送車と兵士達。写真では見えないが、運転席上の銃座には仏サン・エチエンヌM07型重機関銃が装備されていた

作戦中のSS警察連隊『ボーゼン』の兵士達。手前の2人はどちらもベレッタM38型短機関銃を肩に背負っているが、左の将校は制服の上からイタリア迷彩生地で仕立てた野戦服上下を着て同迷彩のヘルメットカバーを付け、腰のベルトに弾倉嚢を下げている

第24ＳＳ山岳旅団（後に師団）『カルストイェーガー』と共にパルチザン掃討戦に参加、クロアチア側のリパ村で２６３名が虐殺された血なまぐさい事件にも関与している。

そして１９４５年の春にＯＺＡＫ戦区から撤退を始めたドイツ軍を支援した同大隊は、連合軍の遅滞作戦に従事して、スロヴェニア国境のプレディル峠でイギリス第8軍を迎え撃った後に降伏している。当初は厳格な警備下で捕虜となったが、元々がイタリア国籍であったこともあって次第に監視も緩やかになり、１９４６年9月にターラント収容所で釈放されている。

第Ⅱ大隊（第5～第8中隊）は国内のヴェネト州北部ベッルーノ県に派遣され、１９４４年３月から12月まで対イタリア人パルチザン戦に従事、その作戦出動は85回に及んでいる。特に8月20日から翌日に掛けてのビオイス渓谷での戦闘では、独ヘルマン・ゲーリング降下装甲師団や武装ＳＳ山岳訓練学校も参加した大規模な掃討戦となり、プレダッツオ村では民間人44名が虐殺され、家屋２４５戸が破壊される悲劇を生んでいる。

また１９４５年３月には同大隊の兵士３名が殺害されたとして、民間人14名の絞首刑がベッルーノ

同じくラッセラ通り事件の発生後、付近を通行中の市民を拘束して壁際に並べる第Ⅲ大隊の兵士達と左端でベレッタM38型短機関銃を構えるR.S.I.『デチマ・マス』義勇部隊『バルバリゴ』大隊所属の兵士

1944年3月23日、爆破事件の発生直後にカルカノ小銃を構えてラセッラ通りを警備する第Ⅲ大隊やR.S.I.側の兵士達。路上には爆弾の犠牲者が、まだ白い布を掛けられたまま横たわっている

の中央広場で行われ、その悪名を広めたとも伝えられる。そして1945年5月2日に南チロルと隣接したアゴルド地区で投降して、その後リミニの収容所で元第Ⅰ大隊の戦友達と合流、同様にターラントで釈放された。

第Ⅲ大隊を襲った悲劇

第Ⅲ大隊（第9～第12中隊）は別の意味でドラマチックな存在であった。1944年2月にはドイツの傀儡（かいらい）政権であったイタリア社会共和国（R.S.I.）の首都ローマに警備目的で派遣され、ヴォルフSS大将の指揮下に置かれた。

その後、同大隊は3個中隊に規模を縮小して再編成され、第9中隊はローマ南方の防衛ライン建設の監視任務に就き、第10中隊はドイツ空軍のアルベルト・ケッセルリンク空軍元帥の要請で第2降下猟兵師団の警備小隊に代わってバチカン市国の警備を行い、残りの第11中隊は予備部隊となった。

しかし同大隊はこれまでと異なり、南チロル出身でもドイツ語を話せないドロミテ渓谷出身のラディン人も含まれており、ローマ市民との接触禁止に加えてドイツ人将校から「裏切り者」や「豚」

呼ばわりされ、部隊間での軋轢が生じていた。そして、ここでさらに大きな悲劇が発生した。

1944年3月23日のファシスト党創設記念日行事に参加した後、ローマ市中央のラセッラ通りを進んでいた第11中隊に向けてパルチザンが仕掛けた爆弾が大爆発を起こしたのである。さらに手榴弾4発も投げ込まれて爆発、南チロル出身の兵士33名が死亡して、53名が負傷する大惨事となった。この時、兵士の腰ベルトに差したドイツ軍の棒状手榴弾が誘爆してさらに被害が拡大したとも伝えられ、巻き添えで民間人も2名が死亡、11名が負傷した。

この事件にヒトラー総統は激昂し、ドイツ国防軍総司令部は報復として死亡した兵士1名につきユダヤ人や政治犯の囚人10名の処刑を決めた。翌日にはローマ郊外のアルデアディーネ洞窟でなぜか3名多い335名が銃殺され、事件はさらなる悲劇へと発展する。

戦後の書籍や映画では、しばしばこの爆破事件の犠牲者は武装SS部隊のドイツ人兵士だとされているがそれは誤りで、上記の通り元々はイタリア人で戦後再びイタリア国籍に戻った、ドイツ警察部隊に所属した南チロル人兵士であり、つまりイタリア人の同士打ちでさらに多くのイタリア人の命が奪われた悲劇であった。そのためか筆者が二十数年前にラセッラ通りの現場を訪れた際には、戦場となりパルチザン兵士が命を落としたイタリアの街角で必ず見かけた記念プレートの類は一切見られず平穏な景色で、かえって異様な印象を持った記憶がある。

その後、ローマ防衛線が崩壊すると第Ⅲ大隊はフィレンツェに退却して再編成され、ピサやヴィチェンツアを経由して南チロルのトレントに戻っている。そして1945年5月にベッルーノ県の山岳地帯に配備されていた同大隊は再びボーゼン（ボルツァーノ）に戻り、連合軍に降伏してその数奇な運命に幕を閉じたのであった。

第二次世界大戦
陸軍編7

内務省に所属したR.S.I.治安部隊『エットレ・ムーティ』

1943年9月のイタリア休戦後、ミラノを中心とした北イタリアの都市部や幹線道路を警備する治安部隊がいくつも創設されたが、そのひとつにR.S.I.内務省に所属した独立機動部隊『エットレ・ムーティ』があった。

北伊を取り締まる治安部隊の誕生

シチリア島が陥落してムッソリーニ統帥が逮捕された後の1943年9月8日、バドリオ元帥は同盟国ドイツとの関係を一方的に破棄してイタリアの休戦を宣言した。それを見たヒトラーは直ちに6個師団にイタリア占領を命じ、11日に北伊の中心部ミラノは武装SS第1装甲師団（LAH）が支配下に置いたのであった。

そうした混乱の中、9月18日には早くもイタリア人による治安活動を目的とした『エットレ・ムーティ』行動隊がミラノで創設された。ムッソリーニ逮捕後の8月に射殺されたファシスト党書記長の名前を冠した同部隊は4個分隊から成り、当初の編制では将校69名、下士官89名、

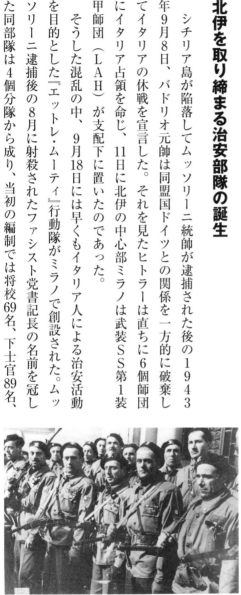

『エットレ・ムーティ』行動隊。黒いバスコ（ベレー）に髑髏（どくろ）章を付け、山岳防風ジャケットに部隊記章やシールド章を着用している。また、初期の同部隊は平均して年齢層が高かった

1944年10月28日、ミラノの慰霊祭でのひとコマ。左の襟無しM41型ジャケットを着た人物が『エットレ・ムーティ』独立機動部隊のコロンボ司令官で、その右がパヴォリーニ書記長兼黒い旅団総司令官とテンフェルド武装SS少将

兵1350名が記録されている。

そして23日にはムッソリーニを首班とするイタリア社会共和国（R.S.I.）が建国され、部隊はそのまま継続した。その主な任務は、治安警備や対パルチザン戦への従事、反逆者や暴動、サボタージュや破壊活動の取り締まり、パルチザン支援や連絡などで落下傘降下する連合軍兵士や情報員の捕縛、主要幹線道路の警備などであった。

『ムーティ』部隊の指揮を執ったフランチェスコ・コロンボは、1899年7月にミラノで生まれて第一次大戦後に戦闘ファッショ行動隊（黒シャツ隊）に参加したが、金銭絡みの殺人事件に巻き込まれて一時ファシスト党から遠ざかっていた。しかし、イタリア休戦後に警察署長であったコロンボは、ミラノの共和ファシスト党支部長アルド・レセガから要請を受け、ドイツ秩序警察と協力して同部隊を創設したのである。ところが、この頃のミラノでは元黒シャツ部隊1800名から成る治安義勇部隊が誕生しており、これは後に黒い旅団ミラノ支部として、第8旅団『アルド・レセガ』となる（『Viva！知られざるイタリア軍』114ページ参照）。

こうした多様な組織の存在と縄張り争いはイタリア王国軍の時代から存在していたが、R.S.I.時代にはより顕著であった。そこで互いの部隊対立を避けるために住み分けが必要となり、共和国警備隊から独立した『ムーティ』部隊は一時的に『G.N.R.補助大隊』を名乗った。3月にミラノで発生したストライキでは部隊員が路面電車を運転して、運行維持にも務めている。

そうした中、3月18日には兵員2300名から成る独立機動部隊『エットレ・ムーティ』として再編され、内務省直轄の治安警察部隊となったのである。部隊はミラノに駐屯した兵員1500名から成る第1大隊『アルド・レセガ』と、ピエモンテ州やピアチェンツァに駐屯した兵員800名から成る第2大隊『デ・アンジェリ』および特別中隊『バラジョッタ』から構成された。

またコロンボ司令官は陸軍では大佐相当の階級となり、部隊はミラノ警察本部やR.S.I.警察からも独立した自治権を与えられた。さらに兵員には特別な待遇も与えられ、その給与額は正規軍兵士の6倍に達したと伝えられる。司令官も陸軍大佐の倍近い給与を受取り、こうした高給は危険で市民から嫌われる「ダーティー・ジョブ」を任務とする部隊員の募集にも役立っている。

武装は小火器が中心と

1944年3月、クーネオに展開した『ムーティ』部隊。左端の古参兵は防風ジャケットを着用し、その右の東部戦線従軍章を付けた元アルピニー将校は制服にムーティ部隊の襟章とシールドを左腕に着用。その右の兵士は被りのカーキのイタリア熱帯服を着ている。更には熱帯服兵士の右の将校は迷彩テント生地から作った襟無しM41型ジャケットを着るという有り様で、雑多な部隊から編成された部隊の出自が伺える（Franco Mesturini氏提供）

1944年夏、『ピエトロ・デル・ブッファ』中隊所属の2輌のL3/33型豆戦車の1輌。車体正面に部隊シールド章とモットーが描れており、向かって右の車長兼機関銃手はひさしの衝撃パッドが付いたM41/42型空挺ヘルメットを被っているのが興味深い

なり、カルカノM1891小銃の短小銃（TS型）や折畳みバイヨネット（銃剣）付きの騎兵銃、ベレッタM38型短機関銃、ブレダM30型軽機関銃やブレダM37型重機関銃などが装備された。自動拳銃もベレッタM1934型以外に旧式なグリセンティM1910型などの使用も確認されている。

移動手段としては、各部隊共に機動性を重視して各種連絡車輌やオートバイ、兵員輸送用トラックが配備された。また1944年7月には大型車輌中隊『ピエトロ・デル・ブッファ』が創設され、トラック4輌やオートバイ6台と共に、わずか2輌ながらL3／33（CV33）型豆戦車が配備されている。さらにモト・グッチ製の三輪型オートバイ「トリアルチェ」やアルファ・ロメオ430および450トラックの後部荷台に、イソッタフラスキーニM39型20㎜機関砲を1門搭載した武装車輌も配備され、12月のミラノでのパレードに姿を見せた。火砲も32口径47㎜対戦車砲2門や17口径65㎜野砲1門および81㎜迫撃砲3門を装備している。

治安戦の最期と戦後の混乱

独立機動部隊への編成後の1944年3月下旬、2個大隊および1個特別中隊はピエモンテ州クーネオの山岳地帯に派遣され、元陸軍帰還兵から編成された反ファシスト組織の第1師団『ランゲ』との戦闘となり最初の戦死者を出した。

その後、4月から6月に掛けてのパルチザン掃討戦である〝ウィーン〟および〝シュトゥットガルト〟、〝ハンブルグ〟作戦では激戦となり、チェバとレゼーニョ、オルメアの守備隊は消耗してトリノ南方でフランス国境に近いクーネオに退却している。

そして6月末にミラノに帰還した2個大隊は再編成され、第1大隊は地名の『クーネオ』に改名した。また、7月には若年層も募集され『ドメニコ・サヴィーノ』や『プリニオ・フィジーニ』、『フランチェスコ・テデスキ』および『ウンベルト・バルデッリ』の4個中隊が新たに編成され、ピエモンテ州に展開したのであった。

1944年9月に始まったピエモンテ州のオッソラ解放区攻撃ではSS擲弾兵旅団『イタリア』や『デチマ・マス』海兵師団と共に『エットレ・ムーティ』部隊も参加し、10月には同州のパルチザン解放区掃討〝アルバ作戦〟でドイツ治安警察部隊や『デチマ・マス』師団、G.N.R.、黒い旅団と共に大きな戦果を挙げた。その後、アレッサンドリアやピアチェンツァ等の交通要所の治安警備やトリノ~ミラノ間の高速道路警備を務めている。

独立機動部隊で対空砲を配備した『ジュゼッペ・ルケッシ』中隊の兵士。黒い五角形襟章の赤いファシス章と髑髏章の間にウイング状の部隊記章が見える（Franco Mesturini氏提供）

またミラノ方面では、7月に前述の大型車輌中隊『ピエトロ・デル・ブッファ』と共に予備大隊『ルイージ・ルッソ』や守備中隊『ロベルト・ムッツァーナ』などが新たに編成された。6月に改名した『バラジョッタ・サリーヌ』は、8月にピエモンテ州境のヴァルツィで『ピエトロ・デル・ブッファ』と共に対パルチザン戦に従事している。また11月には『ロベルト・ムッツァーナ』と共にヴェルチェッリ~アスティ間の掃討作戦〝コブレンツ〟にも参加した。

1945年2月には対空砲中隊『ジュゼッペ・ルケッシ』と81㎜迫撃砲中隊『エンリコ・マッジ』

および20㎜機関砲中隊『アッティロ・ダ・ブロイ』が新設され、3月14日には『ジュゼッペ・ルケッシ』中隊が連合軍爆撃機を2機撃墜する戦果を挙げ、高射砲兵には戦功十字章が授与されている。

しかし、その勢力を誇った独立機動部隊にも最期が迫った。1945年4月27日、ムッソリーニ統帥を追ってミラノを脱出した残存部隊はパルチザンに捕えられ、コロンボ司令官は処刑されてしまう。こうして『エットレ・ムーティ』は短い歴史に幕を閉じたが、兵員の苦難はその後も続き、大戦中の死亡数は161名ながら終戦以降にほぼ同数に近い153名がパルチザン側に殺害されている。

この復讐劇は元パルチザン組織『ヴォランテ・ロッサ』により1949年まで続き、以前に筆者が会ったヴェテランは同じアパートに住んでいた戦友が撃たれて死亡したため、10年ほどの間は就寝時にはドイツ製P38拳銃を枕の下に忍ばせていたと語っていた程であった。そしてコロンボ司令官は、パヴォリーニ書記長やR.S.I.無名戦士と共にミラノの共同墓地の一区画に今も眠るのであった。

右の『ムーティ』部隊下士官は、夏季用の綿カーキ色サテン生地製で襟無しのM41型野戦服を着用。左の下士官はM40型野戦服の襟を内側に折り込んで、一見M41型風に見せている点が興味深い（Franco Mesturini氏提供）

M29型テント生地から作った部隊メイドの襟無しM41型迷彩服や迷彩防風ジャケットを着て、ミラノの兵舎でくつろぐ独立機動部隊の兵士達。左腕には部隊章である金属シールド章が見え、将校用には布刺繍製も存在した

第二次世界大戦
陸軍編8

ドイツ歩兵になった飛行兵——突撃大隊『フォルリ』

第二次大戦後期のイタリア戦線では、ドイツ軍と共に北伊枢軸側のR.S.I.軍が連合軍を相手に死闘を演じていたが、中には独国防軍の一翼を担ったイタリア人部隊も存在した。今回はそのひとつを紹介してみよう。

ゴチックラインでの迎撃態勢

1943年9月8日、休戦を宣言した後のイタリアは南北に別れて戦争を継続しており、北伊を支配したドイツ軍と共に前線や後方支援を受け持った枢軸側のイタリア社会共和国（R.S.I.）は、4個師団の再軍備を開始し、それとは別に多くの義勇・独立部隊が創設された。

1944年6月4日にローマが陥落し、ドイツ軍はアンコーナ～フィレンツェ～ピサ北部を東西に横断するゴチックラインまで後退して、半島の中央に位置するアペニン山脈を挟んで東のアドリア海側を進む英軍・英連邦軍と、西の地中海側を進むアメリカ軍を迎え撃つ事になった。

そしてドイツ国内で訓練中のR.S.I正規陸軍（E.N.R.）4個師団の祖国帰還までの繋ぎとして、『デチマ・マス』海兵師団等の義勇部隊も次々と戦線に投入され、そうした中でR.S.I空軍（A.N.R.）からも新たな地上部隊が誕生した。

戦闘機隊から誕生した突撃隊

１９４３年10月、A.N.R.の戦闘機部隊として第１０１独立戦闘航空団がフィレンツェで創設され、間もなくトリノ・ミラフィオーリ基地に移動した。しかし１９４４年中頃、航空機材の不足により同部隊は解隊となり、整備兵等の余剰兵員を母体にしてフィレンツェ南東のアレッツォを管区とした治安部隊の第35黒い旅団『ドン・エミリオ・スピネッリ』所属の『死の中隊〝アレティーナ〟』が加わり、エミリア・ロマーニャ州フォルリで突撃中隊『フォルリ』が創設され、元の戦闘機隊パイロットであったピエル・リッカルディ・ヴィットリオ中尉が指揮を執った。

アドリア海側の地方都市フォルリは、ローマから北に２７５km、サン・マリノ共和国の北西に50kmのゴチックライン内側

赤い長方形襟章に小型の金属製剣くわえ髑髏章を、左胸にドイツ軍の一級鉄十字章と第2ボタンホールに二級鉄十字章リボンを着用した第1突撃大隊『フォルリ』所属の歴戦の突撃兵（アルディーティ）。前合わせボタンが剥き出しの『デチマ・マス』師団タイプのM41型襟無し空挺服の内側には、防寒用の毛皮が貼られている。また右後方の兵士は、ベレッタM38型短機関銃用の簡易型サムライ弾倉ベストを着ている。

同じく『デチマ・マス』師団タイプの前合わせボタンが見えるM41型空挺服に、ドイツ軍の戦傷章と二級鉄十字章リボンを着用したフェデリーギ大隊長（右）と黒シャツのファシスト党フォルリ支部長ジュリオ・ベデスキ（左）

（枢軸側）にあり、リミニとボローニャを結ぶ幹線道路の中程に位置する要衝の街であった。

南西にはムッソリーニ統帥の生家のあるプレダッピオ村もあり、新設された中隊は兵舎で装備を受け取り再訓練を受けながら、差し迫った英軍の侵攻からフォルリ～チェゼーナ地方の防衛の任務に就いたのであった。

1944年10月28日に突撃中隊『フォルリ』はロンコ川南方に移動し、11月9日に部隊は独ハリー・ホッペ中将率いるドイツ国防軍第278歩兵師団『ベルリン・ブランデンブルグ』所属の第992擲弾兵連隊第1大隊への編入を命じられたのであった。

部隊は『フォルリ』の名称を残したまま、街の北東に位置するラヴァルディーノの運河沿いに展開したが、連合軍の砲撃と空襲に曝された。一旦は戦線を持ちこたえて敵を食い止めたが、11日に更に激しい砲撃や対地攻撃を受けた同部隊は、夜間にモントーネ川東側のヴィラフランカまで後退している。

もはや枢軸側の制空権は失われており、敵の対地攻撃が続き、英軍はメルラスキオへの前進を開始した。それでも新設された突撃中隊『フォルリ』の将兵達はドイツ軍と共に勇敢に戦い、メルラスキオ～ファエンツァ間の前線を12月18日まで維持したのであった。

ドイツ国防軍将校が見守る中、教官役のイタリア人少尉の横で地上戦用に改修されたMG15航空機関銃の射撃訓練を行なう『フォルリ』兵士。同部隊では、独空軍地上師団で使用されたMG15地上型が多く見られる

ドイツ軍としての再出発と最期

フォルリ周辺の前線から後方に下がった中隊は再び補充され、ヴェネチアやパドヴァ、ヴェローナやミラノなど各地から戦意旺盛な若い志願兵が集まり兵員300名の大隊規模に拡充、12月31日に名称を第1突撃大隊『フォルリ』に変更した。司令官はアデラーゴ・フェデリーギ中尉に変わり、司令部要員としてドイツ国防軍のフェデリコ・ハインツ・シュヴェーガー中尉も着任、訓練もドイツ人教官の元でドイツ製小火器を手にドイツ式に行なわれた。

大隊は司令部以下に3個アルディーティ（突撃兵）中隊および1個迫撃砲中隊と自動車部隊から編成されたが、実態は第1中隊のみが編成を完了していただけで、第2中隊はまだ訓練中であり、ベルサリエリ志願兵で構成された第3中隊は編成中で、これは終戦まで続くのであった。そしてドイツ式無線機や野戦電話も装備された。

小火器や装備もドイツ軍式に改編され、モーゼルKar 98k小銃や、MG15航空機関銃地上戦用タイプや少数のMG34機関銃、パンツァーファウスト60やシースベッヒャー小銃用擲弾発射器、M24／M43柄付き手榴弾やM39卵形手榴弾等が支給されたが、短機関銃はベレッタM38型のままでカルカ

整列した第1突撃大隊『フォルリ』の兵士達は、Kar 98k小銃やMG15航空機関銃地上戦用タイプ、パンツァーファウスト等のドイツ製武器を手にしており、ベルトには人造革ケースに入った独軍スコップが吊るされている。また戦場には出ないが、列には二人の幼いマスコット兵の顔も見える

ノM91／38型騎兵銃も使用されている。また独8cmGrW34重迫撃砲も支給され、イタリア製81mmM35型迫撃砲と共用された。更にシュコダ製17口径100mm野砲1914／1919型も3門装備されて、歩兵部隊としては火力も増強されていったのである。

1945年2月10日、再編成を終えた大隊は激戦が続いたセニオ運河沿いの最前線に到着して防衛戦に参加、28日にはボローニャ北東のブドリオに移動して再び編成拡大の命を受けたのであった。これにより北部の4個突撃兵中隊に拡充した突撃大隊集団『フォルリ』となり、司令部と部隊は北部のフェラーラ近郊のポレゼッラで再編成と先の戦闘に対するドイツ軍式の叙勲を行ない、前線に戻る前に師団長ホッペ中将の前で閲兵行進を行なった。

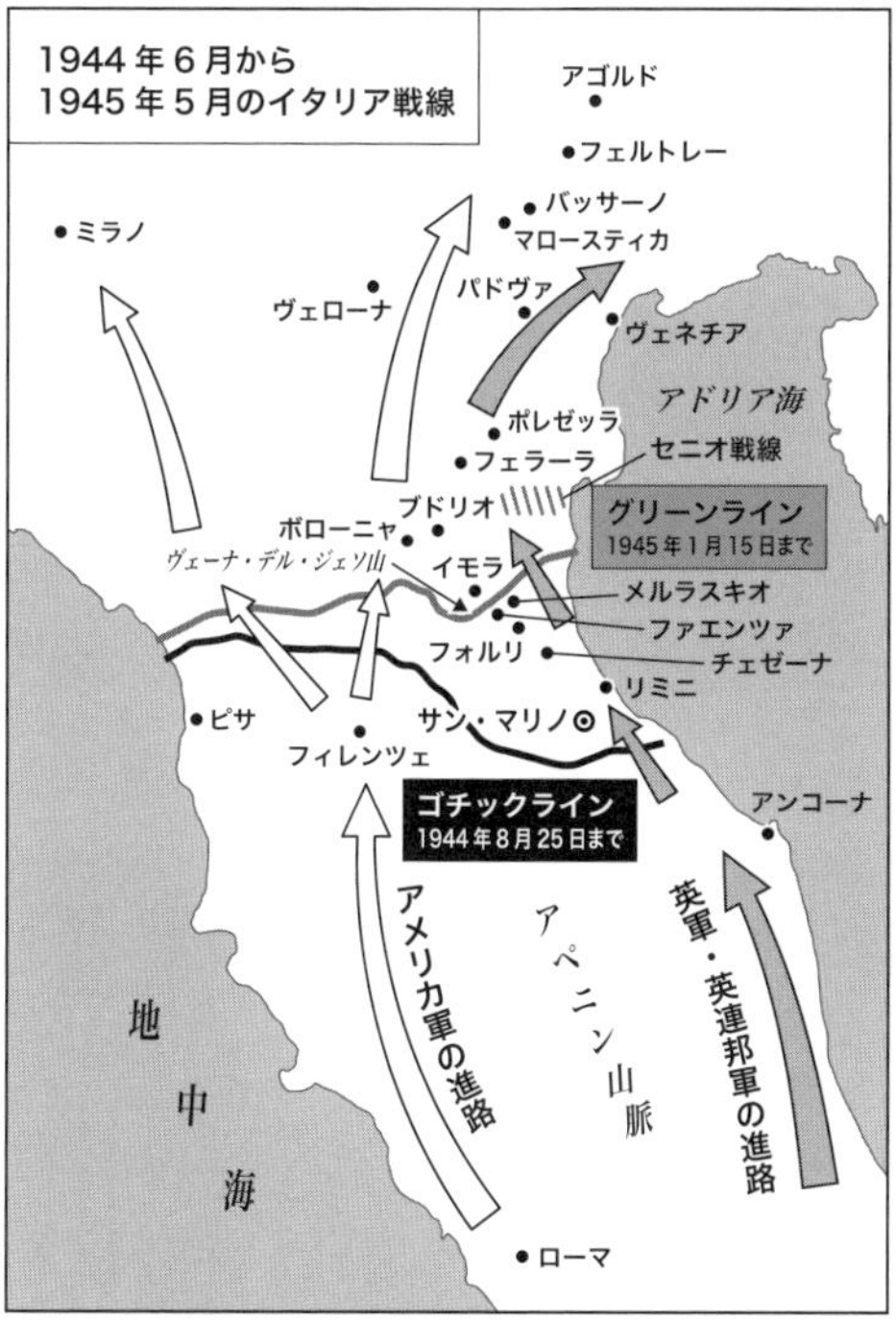

アペニン山脈の東側を進むイギリス軍・英連邦軍と西側を進むアメリカ軍、その進撃を阻んだのが二つの枢軸側防衛ラインであった

再びセニオ戦線に投入された部隊は、独第278、第293、第333歩兵師団と共に粘り強い戦闘を行ない、パンツァーファウストで数々の敵戦車を撃破し、英連邦軍を撃退した。しかし3月13日に第2中隊は敵の砲撃で多くの戦死者も出している。

さらに3月下旬、部隊はイモラ南部のヴェーナ・デル・ジェソ山に派遣され、断崖絶壁の山頂を独第992、第993擲弾兵連隊と共に占領し

雨中の戦線後方で迷彩ポンチョを羽織り、食事を支給される『フォルリ』突撃大隊の兵士達。左の将校はバスコ（ベレー帽）に大型の金属製髑髏章を着用しており、手前左の兵士はローカルメイドの迷彩被服で全身を固めている

左の兵士二人は迷彩短ジャケットの左胸下に独軍戦傷章を付け、それぞれの迷彩ズボンはローカルメイドらしくポケットの数や位置が異なる。右の兵士は、M41型襟無し空挺服の左腕に突撃大隊らしくアルディーティ（突撃兵）章を着用している（Franco Mesturini氏提供）

た。そして両連隊に挟まれた山岳陣地の麓（ふもと）正面と左右にドイツ製対人地雷を敷設して、敵を山に続く狭い道に誘い込み、そこを見渡せる機関銃陣地を設置して強固な防衛線を構築した。

皮肉な事にこの時期に『フォルリ』前面に展開していた連合軍は、イタリア南王国軍『フリウリ』戦闘団所属で『サン・マルコ』海軍歩兵連隊の『バフィーレ』および『グラード』大隊や空挺部隊『フォルゴレ』戦闘団で、イタリア人同士で多くの損害を出しており、山岳地帯での戦闘では『バフィーレ』大隊だけでも戦死9名、戦傷7名を数えた。

1945年4月後半、ボローニャに向けて連合軍の一大攻勢が始まり、損耗により再び兵員300

名を割っていた『フォルリ』突撃大隊集団も、ドイツ軍と共に撤退を開始したが、間もなくヴィチェンツァ東部で包囲されてしまった。

しかし4月24日に独第992擲弾兵連隊が血路を拓き、ブレンダ川に到達した『フォルリ』の兵員残余八十数名はパルチザンの追究を逃れながら、29日にバッサーノ西部のマロースティカで戦車や装甲車を含む米軍を前に、フェデリーギ隊長やシュヴェーガー中尉と共に米軍に降伏した。

母体の独第278歩兵師団はさらに撤退戦を続けてフェルトレー方面から南チロルを目指したが、5月2日にホッペ司令官と共にアゴルド渓谷で米軍に降伏したのであった。

こうしてドイツ軍として戦った珍しいイタリア人部隊は終戦間際にその歴史に幕を閉じたが、この二つの国の兵士達の交流は戦後も続き、両国で戦友達による部隊慰霊祭や戦友会が行なわれている。

1945年3月中旬に戦死し、ドイツ軍墓地に葬られてドイツ式十字架の墓標が立てられた『フォルリ』突撃大隊集団兵士の墓。イタリア人でありながら、死後もドイツ軍人として扱われていたのが判る

1945年初頭、エミリア・ロマーニャの戦線で戦ったアルディーティ（突撃兵）に支給され、コートの左腕に縫い付けられた部隊シールド章。アルミ製でベースが黒く塗られ、襲いかかる獅子のレリーフ下には「人生の愛人達、死の花婿達」の部隊モットーが見える（Fausto Sparacino氏提供）

第三部

第二次世界大戦 海空軍編

第二次世界大戦
海空軍編1

あの不沈空母を沈めろ!
――マルタ島攻略作戦

第二次大戦中、北アフリカに展開したイタリア軍やドイツ軍にとって、地中海での海上補給は生命線であった。同時に文字通りの〝不沈空母〟であった英領マルタ島は大きな脅威となり、枢軸軍はその排除を目指したのであった。

繰り返された不沈空母〝マルタ島〟への攻撃

1940年6月10日に枢軸側として参戦したイタリアは、当初はリビアからエジプトへの侵攻を有利に進めたが、補給線が追い付かずにインフラ整備を進める中で、12月にはイギリス軍の反攻作戦が始まり、その意図は打ち砕かれた。しかし翌年2月にはドイツが支援部隊を派遣、ここにイタリア・ドイツ枢軸アフリカ軍団が誕生して戦況は新たな局面を迎えている。

この北アフリカの独伊両軍は、物資や兵員輸送の大部分を、イタリア・ナポリ港から出て地中海を縦断しながらリビア・トリポリ港に到着する海上輸送に頼っていた。しかしそのルートを阻んだのは、イタリア・シチリア島から約90㎞ほど南に位置した英領マルタ島であった。

日本の徳之島とほぼ同じ面積の同島には、イギリス海軍の基地や修理施設があり、これは枢軸側輸送船団の喉元に突き付けられた刃物であった。同時にマルタ島は、大西洋入口のスペイン・ジブラルタル軍港とエジプト・アレキサンドリア軍港を繋ぐ中継地点でもあった。

そうした中、ドイツ海軍のUボートによる海上封鎖と共に、イタリア空軍も空爆で島の戦力の弱体化を図った。シチリア島にはSM.79型爆撃機を配備した第11および30、34、36、41爆撃航空団が駐留しており、参戦翌日には18機のMC.200戦闘機に護衛された35機のSM.79型爆撃機がハル・ファー飛行場やヴァレッタ港などを爆撃したが、敵機の迎撃はなかった。実は開戦当初は同島の防空能力は貧弱で、旧式のシーグラディエーターMk.I複葉戦闘機が6機稼動するのみであった。

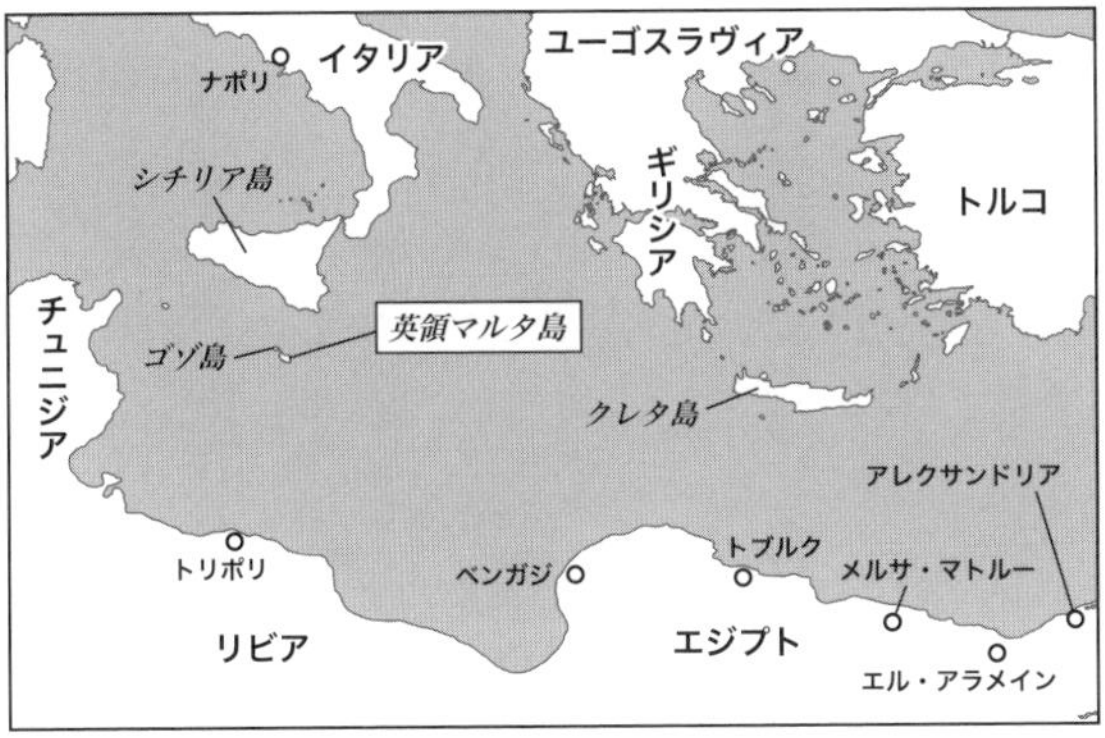

シチリア島の南に浮かぶ英領マルタ島は、ナポリとトリポリの軸線上にある事が判る

そこで英軍は対空砲と戦闘機の急速な増強を図り、7月からは航空機の輸送作戦「クラブラン」も実施された。これは航続距離が短くジブラルタルからマルタ島へ直接飛行できないハリケーン戦闘機などを途中まで空母で運搬するもので、その後1942年10月までに25回以上も実施された。

こうして空の攻防戦が激化する中、1941年1月にはドイツ空軍のJu87型スツーカ急降下爆撃機が、翌月からBf109型戦闘機がシチリア島から出撃し、一時は同島の制空権を独伊枢軸空軍が握る形となった。そして4月からの1カ月間で111回の爆撃が行われ、独空軍は4カ月間でそれまでの伊空軍の総量を超える2500トン以上の爆弾を投下した。そして島のドライドックや港湾施設を破壊して英海軍の動きも制限され、枢軸アフリカ軍団はほとんど無傷の海上補給を受けている。しかしこの状況は長くは続かず、4月のユーゴ侵攻や6月の独ソ戦開始により多くの独空軍機は引き上げられてしまい、再び英空軍の反撃が始まった。

島の防空戦で消耗しながらも地道に英空母による航空機輸送が実施され、1941年5月には50機のハリケーン戦闘機が到着し、そこに最新鋭のスピットファイア戦闘機も加わり、8月には英空軍戦闘機は75機に拡充してイタリア軍機の被害も急造。英チャーチル首相は同島を〝不沈空母〟だと宣言する有様であった。そして1941年後半にはマルタ島からの空と海の攻撃も含めて、枢軸側は実に70％の輸送船を沈められたのであった。

秘匿作戦〝C3〟の計画と挫折

1年半をかけた空と海からの攻撃で落とせずにいたマルタ島であったが、1942年に入るとこの〝不沈空母〟自体を独伊両軍で占領する作戦、秘匿名〝C3〟作戦（独名〝ヘラクレス〟作戦）が計画された。敵前上陸前の露払いは、独伊空挺および空輪歩兵など空からの兵力が投入される事となり、イタリア空挺部隊は陸海空軍の精鋭が掻き集められた。

まず伊陸軍の『第1空挺』師団（兵員7500名）は6月の決行に向けた訓練のため南部プーリア州に送られ、伊空軍では5月に『第1突撃』空挺大隊の編成が始まり、厳しい選抜訓練の元で2000名の空軍志願者から300名が選別されて特殊訓練や爆破工兵の練成が行われた。

また6月には飛行場制圧作戦の第二陣として新たに伊空軍では『ロレート』突撃大隊（850名）が編成されている。そして同大隊は、伊海軍歩兵連隊『サン・マルコ』所属で空挺降下と共に潜水戦闘、兵装での長距離遠泳や水中爆破訓練まで行っていた『N.P.』（潜水空挺）大隊（300名）と共に独ラムケ大佐が指揮するドイツ降下猟兵旅団の隷下に入った。

〝C3〟作戦では、シチリア島から往復出撃するSM.75型やSM.81型およびSM.82型輸送機220機に分乗した伊陸軍『第1空挺』師団と空軍『第1突撃』大隊が、独Ju52型輸送機やDFS230型およびGo242型グライダーに乗った独第7航空師団（後の第1降下猟兵師団／1万1000名）と共にマルタ島南部に降下して敵飛行場や高台を制圧。その後、伊陸軍『ラ・スペツィア』空輸歩兵師団（1万500名）が輸送機で運ばれ、ここを橋頭堡とするという、現代の侵攻作戦と比べても遜色のないプランであった。そして伊海軍『N.P.』大隊も夜間の海上降下を行い、同島中央部に位置する首都ヴァレッタのサン・ルカ要塞を強襲してその砲台を占領する計画が練られていた。

そして初日には南東部の海岸に第4歩兵師団『リヴォルノ』（9800名）や第20歩兵師団『フリウリ』（1万名）、伊海軍歩兵連隊『サン・マルコ』2個大隊（2000名）および3個黒シャツ大隊（1900名）などが、8輌のセモヴェンテ75／18型（突撃砲）や19輌のセモヴェンテ47／32型、30輌のL3型豆戦車と共に上陸する計画であった。

さらに第26歩兵師団『アシェッタ』（9000名）、第54歩兵師団『ナポリ』（8900名）および1個黒シャツ大隊（1000名）が後続部

1942年春、“C3”作戦を前にして南部プーリア州でムッソリーニ統帥の閲兵を受ける陸軍『第1空挺』師団将兵。完全武装の空挺兵達の中央には、部隊唯一の火砲であった47/32対戦車砲が見える（Nino Arena氏提供）

隊として上陸する予定であった。

そして北部のコゾ島の占領には、第1歩兵師団『スペルガ』（9200名）や伊海軍歩兵連隊『サン・マルコ』1個大隊（1000名）の上陸も準備されていたのであった。

またドイツ軍側では、Me321型〝ギガント〟グライダーで運搬可能な、ティーガー戦車の様な千鳥式転輪の足回りを装備した新型で重装甲（前面装甲80㎜）のⅠ号戦車F型（VK1801）やⅡ号戦車J型（VK1601）各5輌やⅣ号戦車12輌、さらに東部戦線で鹵獲したKV-1型やKV-2型重戦車10輌まで装備した第66特別編成戦車中隊の派遣も計画されていた。

対してマルタ島では、英軍3個旅団や4個砲兵連隊、2個対空砲旅団およびマチルダⅡ型4輌などの戦車19輌等のわずかばかりの兵力が守備に就いていた。

しかしここまで大規模な作戦計画を立てながら、6月の枢軸アフリカ軍団によるトブルク占領や、その後のメルサ・マトルーでの英軍および英連邦軍の追撃戦を優先したドイツ側が梯子を外す形となり、さらにその後の英軍の反攻戦により本作戦プランは遂に中途で消滅したのであった。

そしてイタリア陸軍『第1空挺』師団は第185『アフリカ猟兵』師団を経て第185『フォルゴレ』（雷電）師団に名称変更し、北アフリカ戦線への派遣が決まった。その後1942年7月中旬にリビアに到着して、10月末にエル・アラメイン戦線で始まったイギリス軍の大規模攻勢において、同師団の空挺兵達は47㎜対戦車砲や火炎瓶、対戦車地雷を手にして塹壕から果敢に立ち向かった。そして数多くの敵戦車を道連れにしながら、消耗した部隊の大部分は11月初旬に壊滅または降伏している。

また伊空軍の『第1突撃』空挺大隊は11月以降に北アフリカ・チュニジアへ送られて、これも一般歩兵部隊として、翌年5月の枢軸アフリカ軍団の降伏まで、その撤退戦に従事したのであった。

第二次世界大戦
海空軍編2

イタリア三発爆撃隊、中東の石油施設を爆撃せよ！

北アフリカや地中海、東アフリカだけで活動していたと思われがちなイタリア空軍爆撃機隊であったが、実は戦前に自国で提唱された戦略爆撃を小規模ながら実行していた。しかも、目標は本土から遥かに離れた中東であった。

エーゲ海のイタリア空軍機

イタリアが第二次大戦に参加した１９４０年6月、トルコ西側のエーゲ海に浮かぶドデカネス諸島ロードス島のマリッツァ基地にはイタリア空軍が展開していた。実は１９１１年9月に勃発した伊土戦争において、イタリアはオスマン帝国領であった同諸島を占領し、１９２３年から正式にイタリア領エーゲ海諸島として領有していたのであった。

そうした歴史的背景があった同島は、イギリスとの戦争を開始したイタリアが、エジプト・アレクサンドリア軍港を出航する英艦隊やマルタ島に向かう連合軍輸送船団を攻撃するための航空基地として、理想的な地理的条件を満たしていた。

そこで１９４０年夏にはロードス島のガドゥーラ基地（現カラソス飛行場）が整備され、第39爆撃航空団第92航空群や第11爆撃航空団第34航空群が展開し、地上爆撃用のSM.79型三発爆撃機〝スパルヴィエロ〟（ハイタカ）が運用された。そして第12爆撃航空団第41航空群第２０５飛行隊所属のSM.79型も同基地に配備され爆撃作戦を行った。その部隊を指揮したのは、驚くべき事に元ファシ

襟に毛皮のボア付き革ジャケットを着て、革製飛行帽を被った操縦士姿のエットレ・ムーティ。左胸には金糸で刺繍された空軍パイロット章が見える

スト党書記であった。

第41航空群の指揮官であったエットレ・ムーティ中佐は、1902年5月22日にラヴェンナで生まれた。冒険心に富んだ少年であったが粗暴な面もあり、13歳の時に教師を殴って放校されている。翌年、第一次大戦への従軍を志願して家出をするが失敗して連れ戻され、それでも諦めなかったムーティ少年は15歳でアルディーティ（突撃兵）部隊への参加を遂げて厳しい死線をくぐった。

第一次大戦後にはファシズム運動に共鳴して1919年9月に発生したイストリア半島東部のフィウメ占領にも参加、事件の中心人物であった英雄詩人ガブリエーレ・ダンヌンツィオを助け、その後にムッソリーニと出会って国防義勇軍（M.V.S.N.）将校に出世したのであった。

しかし女性遍歴が派手でバイク好きのスピード狂であったムーティは、飛行機操縦にも情熱を燃やして空軍に再入隊した。中尉に降格されながらも1935年10月に始まったエチオピア戦争に操縦士として参加して、戦功章銀章を授与されている。そしてスペイン市民戦争では偽名で義勇爆撃隊を率いて戦い、1938年には戦功章銀章やイタリア軍勲章としては最高位の騎士大十字章を授与され、翌年のアルバニア侵攻にも従軍した。

そして帰国後には、友人でムッソリーニ統帥の娘婿でもあったガレアッツォ・チャーノの計らいでファシスト党書記に抜てきされたのであった。しかしデスクワークを嫌ったムーティは、1940年6月のイタリア参戦を口実に空軍に舞い戻って少佐としてSM.79型爆撃機の操縦桿を握ったが、同時にチャーノや統帥の信頼も失う結果となっている。

そしてフランス戦で中佐に昇進したムーティが7月6日に着信したロードス島では、中東への爆撃計画が進行していた。第一次大戦後の1921年、ジュリオ・ドゥーエ少将は著書「制空」で高速爆撃機で敵勢力を破壊する戦略爆撃を提唱した。しかしその戦略爆撃に適する機材が揃わず、SM.79型やSM.82型〝マルスピアーレ〟（有袋類）、Z.1007型〝アルシオーネ〟（カワセミ）などの爆撃機配備が進んだ1940年になって、ようやく陽の目を見たのであった。

1940年7月15日には、ガドゥーラ基地を飛び立ったムーティ中佐が率いる第41航空群所属の10機のSM.79型が、中東パレスチナの英国委任統治領（現イスラエル）の北部沿岸に位置するハイファ（伊語名カイファ）の石油貯蔵施設や製油所、パイプラインへの爆撃を行った。

1940年7月24日、SM.79型からの爆撃を受けて黒煙を上げて炎上するパレスチナのハイファ石油貯蔵施設や製油所。下にはイギリス海軍用の円形の石油備蓄タンクが見える

高度5000mから投下された120発の50kg爆弾は、市内で大規模な火災と停電を引き起こした。そして24日にもジョバンニ・ライナ少佐が率いる9機のSM.79型がハイファの製油所を爆撃、地上では民間人を含む12名の犠牲者が出た。また8月6日には再びムーティ中佐が率いるSM.79型編隊が高度4000mから50kg爆弾を120発投下してハイファ港の一部を破壊、製油所やパイプラインは火災に見舞われて数日に渡って燃え続けた

のであった。

その後、燃料不足によりハイファ攻撃は中止を余儀無くされたが、一連の空爆の間にイギリス戦闘機による損失はなく、製油所は1カ月近く生産停止に陥っている。しかし、9月9日に10機のZ.1007型爆撃機が行った空襲では、イギリス戦闘機の迎撃を受けたためにテルアビブ近郊の港に爆弾を投棄する命令を受けた。ところが誤って民間地域に投下してしまい、子供30人を含む137名の民間人が犠牲になる悲劇を生んでいる。

さらなる遠距離爆撃任務へ

短い期間で終わったパレスチナ攻撃ではあったが一定の戦果を挙げ、何よりもその作戦報道は英米側、特にまだ大戦参加前のアメリカ世論へ影響を与えた。それを見たイタリア空軍はさらなる長距離爆撃を計画する。これはペルシャ湾西岸の英国保護領バーレーンの首都マナーマにある油田および石油基地への攻撃で、これによりイギリス海軍への石油供給を妨害すると同時にイタリアの空軍力を世界に喧伝するプロパガンダの目的があった。

そこでテストパイロットでもあったパオロ・モチ大佐から提案された計画では、ロードス島を出撃した爆撃隊は攻撃後の帰路として、東アフリカで占領中のエチオピアに向かうという4100㎞におよぶ遠大なルートを取る事になったのであった。

この遠距離飛行にはSM.79型より大型のSM.82型三発爆撃機が選ばれたが、最大でも航続距離は3000㎞程度であったため増加燃料タンクが設けられて3000リットルの燃料搭載が可能になった。しかしその分爆弾搭載量も４０００kgから５００kgに減らされている。

そうした中でようやく準備が完了した４機は、１９４０年10月18日の夕方17時10分にガドゥーラ基地を離陸、１番機はムーティ中佐が担当して計画立案者のモチ大佐も補佐したが、燃料満載で重い機体の操縦は困難を極めたのであった。それでもキプロス上空からシリアとイラクを通過した編隊は翌18日深夜にバーレーン諸島上空に到着、午前２時20分から爆撃を開始して15kgの焼夷弾１３２発が投下された。少なくとも６基以上の井戸や石油貯蔵施設が火災を起こし、その眩しい光から逃れる様に爆撃隊は一路南西のエチオピアに向かった。

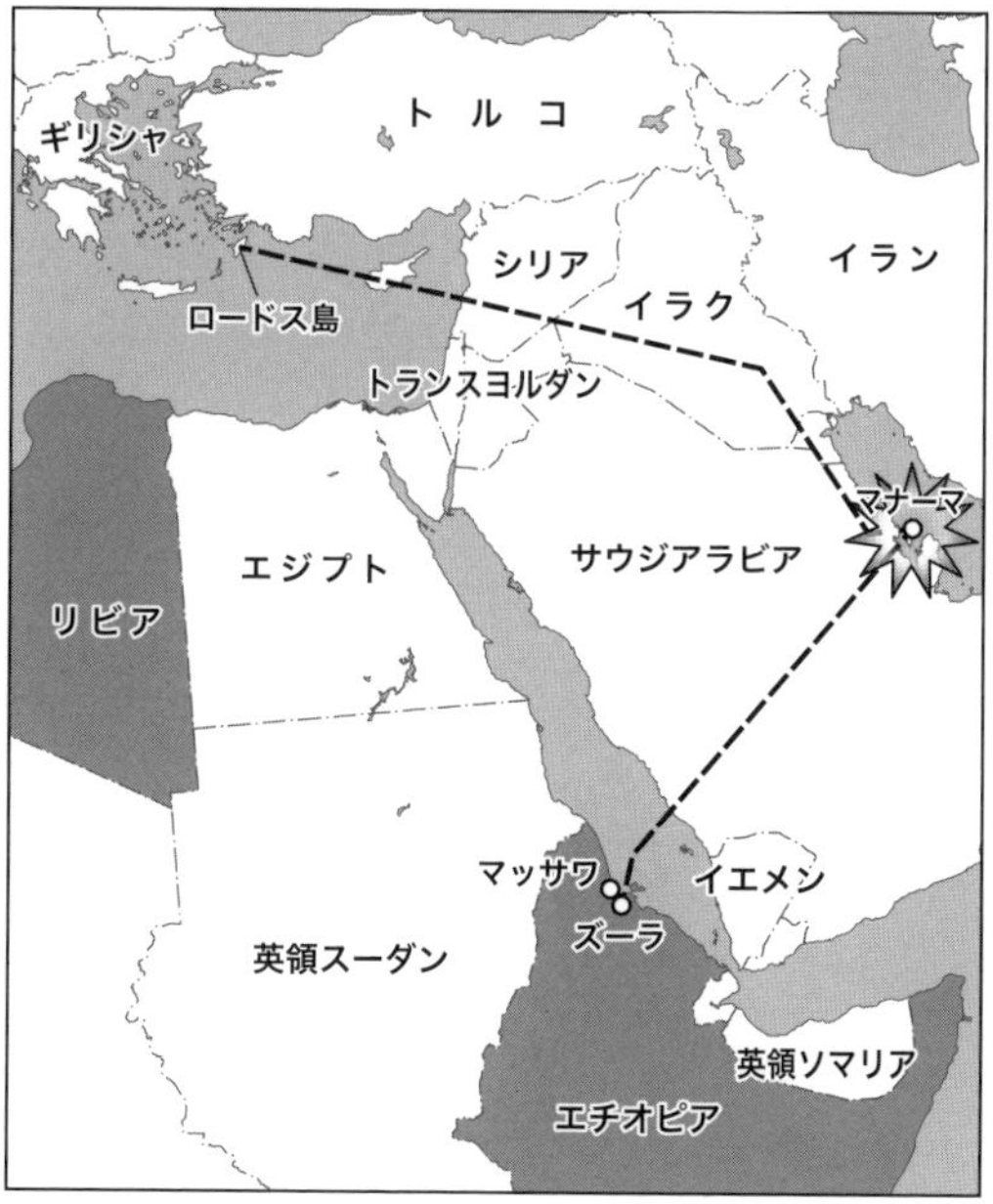

1940年10月18日夕方から翌朝に掛けて行われたバーレーンのマナーマ油田空襲での飛行ルート。4機のSM.82型爆撃機は当初、マッサワに着陸する予定であった

しかし到着地マッサワが爆撃中の報せを受け、英爆撃機に随伴の英戦闘機を避けて朝８時43分にズーラに着陸した。こうして15時間33分の飛行を終えて作戦は終了、目標爆撃も達成してプロパガンダ目的としてもある程度の成功を得たと言える。また結果を見たイタリア空軍は、大西洋を横断して米ニューヨークを爆撃する作戦を１９４３年夏に実施する計画を立てたが、これは９月のイタリア休戦により幻で終わったのであった。

大戦中にドイツ一級鉄十字章や４つの

先に行われたハイファ爆撃で燃え上がる石油施設。マナーマ油田は深夜に行われたが、同様な火災を発生させている。同地では1931年に米スタンダード石油系列の会社により油田が発見され、既に大規模な操業が始まっていた

イタリア戦功章銀章を授与されたものの党職へ復帰しなかったムーティ中佐は、後に陸軍所属の情報部に席を置いて東欧などを頻繁に往復した。しかしイタリア休戦直前の1943年8月24日、スペインから帰国したムーティはバドリオ元帥の命令で政治犯として逮捕され、逃走時にカラビニエリ（軍警察）に銃殺されている。

そしてその故人の名前は後に枢軸側イタリア社会共和国（R.S.I.）において内務省直轄の独立機動部隊として対パルチザン戦や治安維持活動などでその名を轟かせた『エットレ・ムーティ』部隊に引き継がれたのであった（109ページ、内務省に所属したR.S.I.治安部隊『エットレ・ムーティ』」参照）。

第二次世界大戦
海空軍編3

飛べ！ゲタ履き爆撃隊——Z.506水上爆撃機隊

三方を海に囲まれたイタリアは水上機の開発も盛んで、第二次大戦中は民間機から軍用に改修された機種も登場した。そうした中でZ.506三発水上機による水上爆撃機隊が編成され、重いフロートや脆弱な木製の機体に難儀しながらも軍務を遂行したのであった。

民間飛行艇から軍用へ

地中海やアドリア海に面した半島国家であるイタリアでは水上機の開発・量産が第一次世界大戦から盛んに行われており、各国で民間旅客機／輸送機の運行が本格的になった1930年代には、大きな輸送能力と航続距離を持つ大型水上機の開発が計画された。

そのひとつが北イタリア東部のトリエステにあったCANT（Cantieri Aeronautici e Navali Triestini：トリエステ海軍航空造船所）社で開発された。1935年8月に初飛行を行った木製と金属製の混合機体の中型水上機は、満足な試験結果を残してカントZ.506型水上機が誕生したのであった。

エンジンカウル以外の機体を赤く塗られて、北アフリカ路線に就航したスマートなカントZ.506A型水上機

A型から大幅に改修されて軍用水上機となった、カントZ.506B型“アイローネ”。胴体下面に突き出た爆弾倉と機関銃座を設けたゴンドラや延長された操縦席に注目

750馬力空冷星形エンジンを機首と両翼に搭載したZ.506B型。胴体下のゴンドラ前部には、爆撃/雷撃照準手用の観測窓が見える

同機は翼面下に大型双フロートを備え、空冷星形エンジン（６１０馬力）を機首と両翼に搭載した低翼に近い中翼単葉の三発水上機であった。フロートは全金属製であったが、スマートな胴体や主翼は木製と羽布張りの組み合わせで、この機体構造はＣＡＮＴ社の木造船技術が応用されていた。さらに強力なアルファ・ロメオ製エンジン（７５０馬力）に換装したＺ.５０６Ａ型は、平均速度３２２km／h（距離１０００km）などの８つのスピード記録や５３８４kmの長距離飛行記録など、数々の世界記録を樹立してその名を喧伝している。そして１９３６年から量産が始まって16機が発注され、イタリアと北アフリカを結ぶ地中海航路で民間旅客用として活躍した。

　１９３０年代後半、長距離の哨戒飛行や爆撃任務が可能な水上機を望んでいたイタリア軍は、多くの世界新記録を打ち立てたZ.506型に目を付けた。そこで同機をベースに、胴体を中心に軍用爆撃機への機体改修が行なわれ、下部には爆弾倉を兼ねた機関銃座付きの長いゴンドラが加えられた。

1937年11月、積載高度飛行記録を達成した改修型は間もなくカントZ.506B型として制式採用されて〝アイローネ（アオサギ）〟のニックネームが与えられた。当初、同機は大きなペイロードを活かして偵察機を兼ねた水上爆撃機として運用されている。また同機の性能に注目した日本の愛知航空機は、海軍用としてカント社とライセンス製造の契約を結んだが、結局生産は実現しなかった。

ゲタ履き爆撃機の苦難

スペイン市民戦争では、1938年にZ.506B型4機が、イタリア側が支援したフランコ反乱軍側に派遣され、海軍と協力して偵察や哨戒、爆撃／雷撃任務に従事した。

1940年6月にイタリアが第二次大戦に参戦した当時、97機のZ.506B型がイタリア空軍と海軍で運用されており、サルデーニャ島の第31海上爆撃航空団に22機が、プーリア州ブリンディシの第35海上爆撃航空団に25機が配備され、対フランス戦での洋上爆撃行に投入されている。

6月17日、第31海上爆撃航空団所属のZ.506B型4機は、洋上飛行後に北アフリカのフランス領アルジェリアに爆撃を敢行。同隊は数日前にフランス機による爆撃で21名の戦死者を出し、また数機の旧式のZ501型飛行艇を破壊されており、これが復仇戦となった。〝アイローネ〟各機は250kg爆弾2発と100kg爆弾3発を投下して、こうして復讐を遂げた。

翌年の対ギリシア戦ではコリント海峡沿いの目標に爆撃を行い、カラビニエリ兵（軍警察）の輸送も行ってコルフ島やチェファロニア島などの占領作戦にも貢献している。また数個海上救難飛行隊と共に4個海上救難飛行隊が編成され、第612飛行隊の4機はスタニョーニ基地に、第614飛行隊の4機はリビア・ベンガジ基地に、そして残りの2個海上救難飛行隊には2機ずつ配備され、エーゲ海レロス島、ロードス島などに展開したのであった。

その後、海上爆撃航空団は増設され、2300kmに及ぶ長い航続距離を活かし、地中海方面での連合軍の輸送船団を襲撃する任務にも就いた。だが重いフロートのゲタ履き機は低速で俊敏な攻撃も行えず、また木製構造の機体では激しい機動には無理があり、潮風による腐食の損害も発生した。そしてエンジン不調や戦闘ダメージ、燃料不足により水上爆撃機はしばしばスペイン領内に不時着している。また貧弱な武装では敵戦闘機の迎撃にも太刀打ちできなかった。そして戦闘機や駆逐艦によって敵輸送船団の護衛が強化されていくと、思う様に戦果が挙げられないゲタ履きのZ.506B型は、次第に攻撃任務のバトンをSM.79型三発雷撃機に渡していった。

それでも〝アイローネ〟に搭乗して戦死したブルーノ・カレアリ海軍中尉やレオナルド・マドーニ

海に面した水上機基地でクレーンで降ろされるカントZ.506B型水上機。後方の牽引用トラクターと比べてもその意外なほどの大きさが判る

機内から見た左右の胴体側面機銃座。これにより側面方向の防御が強化された。上から降りたベルト給弾や機関銃下面に付いた薬莢受けの袋に注目

海軍中尉およびジュゼッペ・マヨラーナ海軍中尉、ジョヴァンニ・デル・ヴェント空軍少尉など7名のパイロットと通信／観測員達は、戦闘中の危機的状況下で身を呈して僚友を助けるなどの勇敢な行為により、その死後にイタリア軍最高位の戦功勲章金章を授与されている。

海上救難隊への転身と活躍

海上爆撃／雷撃機としては限界があったZ.506B型水上機は、大戦中期以降に洋上偵察や哨戒機として使用された。そして武装を降ろして機関銃座を埋めた海上救難専用機もピアッジォ社で作られ、Z.506S（SはSoccorso：救助の頭文字）型として制式化されている。

この救難機は1940年から42年に掛けて231名を海上で救助する活躍を見せ、その中には多くの連合軍パイロットも含まれた。しかし、こうした任務にも関わらず連合軍機からの攻撃を受けて損害が多発したため、後期は機体を白く塗り翼面と胴体には識別用に大きく赤十字マークが描かれている。それにもかかわらず救出された搭乗員を乗せた海上救難機が、しばしばイギリス空軍機に撃墜されるという悲劇が発生したのであった。

また、通常のZ.506B型も海上救難機として使用されたが、そうした中で珍事件も発生した。1942年7月29日、英領マルタ島から発進後に撃墜された英ボーフォート双発雷撃機の搭乗員達は第139飛行隊所属のZ.506B型に救助されたが、恩知らずな英国人達はターラントに向かう途中で反乱を起こして機内を制圧。ハイジャックされた同機は英スピットファイア戦闘機の迎撃を振り切ってマルタ島に到着した。そして英空軍所属となってマークを書き換えた機体は、後にエジプト・

1943年夏ナポリ港、地上で整備後にクレーンに吊られて海上に降ろされるZ.506S型海上救難機。機体全体が白く塗られ、翼面と胴体に大きく赤い円と赤十字マークが描かれている

鹵獲後に英空軍所属となり、英領マルタ島カラフラーナ基地に停泊するZ.506B型。胴体や翼、垂直尾翼のイタリア国家章は塗りつぶされ、代わりに英軍の蛇の目マークが描かれた(Nino Arena氏提供)

アレキサンドリア軍港に送られて救難機として使用されている。

1943年9月のイタリア休戦時には、主に海軍所属のZ.506型水上機が70機残っており、約40機が枢軸側に接収されて一部はR.S.I.空軍に配備された。残りはドイツ空軍により海上救難機や哨戒機として使用され、ドイツ国内やフランス、ユーゴスラヴィア、ギリシアの島々やポーランドにも展開した。

またフランス・ツーロン軍港に残った第171飛行隊のZ.506型は、イタリア人とドイツ人搭乗員の混成部隊で引き続いて哨戒任務に就いた。さらに1944年にはイタリア人義勇搭乗員達がZ.506型と共にバルト海に送られ、V2ロケットの発射実験場であったペーネミュンデ基地付近で哨戒飛行を行なっている。また30機が連合軍側の共同交戦空軍に所属し、ターラント基地に展開する海上救難機として引き続いて使用され、1944年中に12名の漂流者を救助。さらに一部は対潜水艦哨戒機として使用され、イタリアや連合軍の船団護衛も行なった。

そして大戦終了まで生き残ったZ.506型は、戦後全て非武装のZ.506S型に改修されて海上救難機として使用され、最後の1機が1959年11月に退役。20年以上に及んだ軍歴に終止符を打ったのであった。

第二次世界大戦
海空軍編4

白鳥を目指したアヒル達——イタリア試作戦闘機群

第二次大戦前に始まったイタリア戦闘機の近代化計画では、有力メーカーに混じって地方の小さな航空機製造会社もトライアルを続けていた。そうした中で誕生した、試作機群やエンジニアについて紹介してみよう。

カプロニ・ヴィッツォーラ社の戦闘機開発参入

1936年、イタリア空軍は単座戦闘機の近代化プランをまとめた「R」計画を発表して、国内の航空機製造各社に開発を要請した。当初、同計画は複葉機と単葉機の2方向で考えられ、単葉機案は金属製で低翼の引き込み脚を備えた近代的な形式を求められた。

そしてフィアット社はG.50型を、アエロ・マッキ社はMC.200型を、レッジアーネ社はRe.2000型の実用化を目指して開発を始めたが、各社のコンセプトや設計はそれぞれ異なり、共通していたのは800馬力クラスの星形空冷エンジンの採用であった。

さらにグループ企業であったカプロニ社の傘下のカプロニ・ヴィッツォーラ社も遅れて「R」計画に参入した。北伊ヴァレーゼ近郊のヴィッツォーラ・ティチーノ市にある同社は、航空輸送事業を目指していたカプロニ社の飛行学校を基に創設され、1937年後半よりファブリツィオ・ファブリッ

F.5型試作2号機（MM413）は、水滴型スライド式キャノピーを装備してさらに洗練されたシルエットになった

1939年2月19日に初飛行したカプロニ・ヴィッツォーラF.5型試作1号機（MM392）。密閉式風防や、逆ガル翼形状にも見える付け根から主翼上面に掛けての機関銃収納用の膨らみに注目

F.5型試作戦闘機の黒く塗られた操縦席計器板と射撃ボタンの付いた操縦桿。中央には、光像式のサン・ジョルジオ型射撃照準器の基部が見える

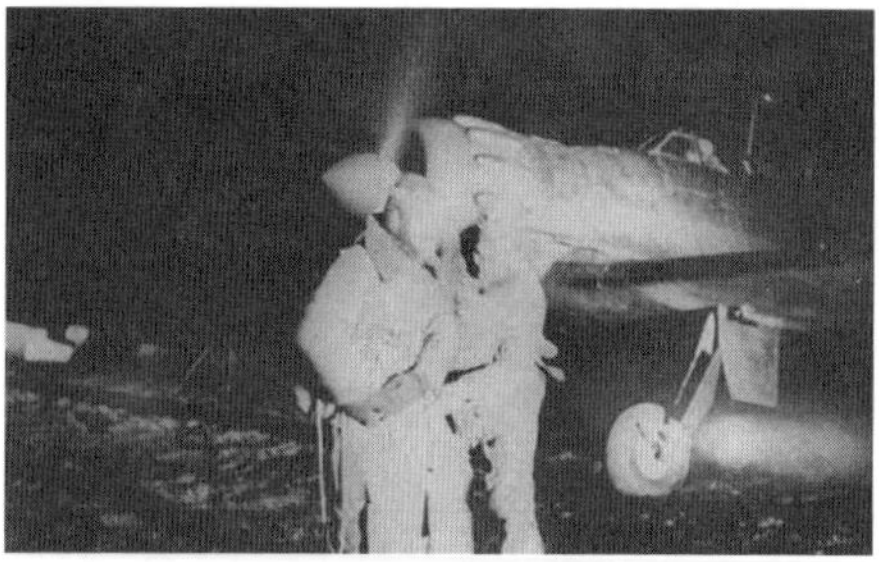

ローマ近郊リットリア空港での夜間防空戦に出撃するF.5型増加試作機。軽快な運動性能を活かして闘ったが、機関銃2挺の武装では重爆撃機相手には荷が重かった

ツィ技師を中心とした開発チームが、空冷エンジン搭載のF.5型（Fは同技師の頭文字）戦闘機の設計を始めた。翌年には試作機製造が開始され1939年2月19日に試作1号機（MM392）が初飛行したのであった。

このF.5型試作機は、他の競合戦闘機と同様にフィアットA74RC38型空冷星型エンジン（840馬力）を搭載したオーソドックスな設計ながら、先の両機よりスッキリとした細めで美しい機体デザインであった。

さらに試作2号機（MM413）は、水滴型の密閉式風防を装備してより洗練されたスタイルとなった。正面抵抗の軽減でカウリング直径を絞り、MC.200型と同様にシリンダーヘッドを覆う水滴型カバーが付けられた。武装もMC.200型と同じ12・7㎜機関銃2挺であったが、機首上ではなく胴体の側面下から発射する方式であった。

これにより機関銃長に合わせて機首を延長する必要が無くなり、軽量化や離陸時の視界確保にも繋がったが、付け根に膨らみが加わり、後部から見ると軽い逆ガル翼形状にも見えるデザインとなった。また「R」計画は全金属製の条件であったが、F.5型は胴体や尾翼のみが金属製セミモノコック構造で、美しい楕円断面の翼は応力外皮の木製合板製であった。
F.5型は1940年7月15日の公式飛行でも高性能を示し、最大速度496km/hや6500mまでの上昇時間6分3秒はG.50型を超えてMC.200型に迫ったが、既に両機の制式配備は始まっており、F.5型が入り込む余地は少なかった。

F.5型戦闘機、量産は叶わず

それでも前月のイタリアの第二次大戦参戦により戦闘機は不足しており、200機の仮発注と共に増加試作が依頼されて12機が製造された。しかし、試作2機に装備された密閉式風防は時代に逆行した開放式に変更され、操縦席後部はイタリア機共通のくびれを持つ尾翼につながる水滴型の覆いに改修された。これは現場のパイロット達が密閉式風防ガラスの透明度不足やフレームによる視界不良を嫌ったからで、また水滴型スライド式キャノピーでの背後の防弾効果の低下も一因であった。

しかしF.5型は増加試作されたものの、当時イタリア空軍は空冷機の性能向上に限界を感じて次世代の液冷戦闘機開発を目指しており、さらに同社の量産体制にも問題があり、他社も自社機やライセンス機の生産で手一杯であったため、結局量産はキャンセルされたのであった。

量産化が見送られたカプロニ・ヴィッツォーラF.5型戦闘機であったが、増加試作された11機は、1942年の暮れから翌年に掛けてローマ地区防衛に就く第51航空団第167独立航空群所属の第300飛行隊に配備され、リットリア空港（現ラティーナ空港）を防衛する迎撃戦闘機として第3飛行中隊で使用されたのであった。機体は夜間飛行の為に黒く塗られ、B-17やB-24等の連合軍重爆撃機への迎撃に使用された。特に大きな戦果は記録されていないが、1943年7月のイタリア休戦2カ月前に10機が残存しており、その内の5機が稼動状態であった。

液冷エンジン搭載型F.4型への転換

F.5型増加試作機に独ダイムラー・ベンツ製DB601型エンジン（1,175馬力）を搭載したF.4型試作機。排気管下に12.7mm機関銃の銃身が、胴体下には大型のラジエーターが見える（Nino Arena氏提供）

量産化が叶わなかったF.5型と並行して、同じ機体に液冷エンジンを搭載したF.4型の開発が行なわれ、ファブリッツィ技師が責任者を兼務した。当初、イソッタ・フラスキーニ製アッソ121 RC40型液冷エンジン（960馬力）を搭載する予定であったがエンジンの開発が遅れ、計画は一度は中止されてしまう。

しかし1939年夏に独ダイムラー・ベンツ製DB601 A-1型エンジン（1175馬力）の試験供与の話が持ち上がり、F.4型の開発が再開されたのであった。そして増加試作された12機のF.5型の最後の機体（MM5932）に液冷エンジンが搭載され、1940年7月に初飛行を行なっている。

F.5型と同様に大きな膨らみのある主翼デザインは引き継いでいたが、機首は長くスッキリしたシルエットになり、コクピットも密閉式で後部視界も確保した近代的な設計となった。また機首下に小型のオイルクーラーが、胴体下面に大型ラジエーターが取り付けられた。そして大型エンジンの搭載により全備重量はF.5型の2238kgから3000kgに増加したが、10月に行なわれた公開試験飛行では最高時速550km/h（高度3750m）を記録した。

この独DB601型エンジンはアルファ・ロメオ社でライセンス生産される計画も立てられ、それを搭載したモデルはF.5 bis型として提案されたが、エンジン量産が1942年まで遅れ、1941年5月から量産が始まっていたアエロ・マッキ社製のMC.202型へ優先配備されたため、F.5 bis型の量産化は実現しなかった。そして唯一製作された試作機は、1942年に第167独立航空群所属の第303飛行隊で実験運用されたのであった。

新型エンジンを搭載した新たな挑戦

大戦中期、イタリア空軍の戦闘機は空冷から液冷エンジン搭載にシフトし、新型のDB605A型エンジン（1455馬力）を搭載した新型戦闘機の開発も各社で始まった。ヴィッツォーラ社もこのDB605型を積んだ新型機の開発を始め、ファブリッツィ技師が再び責任者となった。

当初は1機だけ試作されていたF.4型の機体（MM5932）を研究してF.5 bis型の名称で新たに分類し、それとは別にDB605型を搭載したF.6M型（MM481）が試作されて、1941年9月に初飛行を行なっている。

新型の独DB605型エンジン（1,455馬力）を搭載したF.6M型試作機（MM481）。写真の初期タイプは、ラジエーターとオイルクーラーを機首下面にひとつにまとめていた

同機は主翼が全金属製に再設計され、左右付け根の機関銃を機首のエンジン上に移動し、更に翼内にも左右1挺ずつ搭載して武装も強化された。その後、Ｆ.４型と同様にラジエーターが胴体下に移され、最高速度は５７０km／ｈ（高度５０００ｍ）に向上、高度６０００ｍまでの上昇時間は５分40秒に短縮したが、同エンジンを搭載したＧ.55型やＭＣ.２０５型、Re.２００５の性能には及ばなかった。また唯一の試作機が衝突事故を起こし、エンジンのライセンス供給に限りがあったため、Ｆ.６Ｍ型の開発は中止されてしまう。

しかし、戦闘機開発を諦めずに野心を燃やすヴィッツォーラ社は更に開発を続け、開発中のイソッタ・フラスキーニ製液冷Ｘ型24気筒のＲＣ20／60 Ｚｅｔａ型エンジン（１５００馬力）を搭載した、Ｆ.６Ｚ型の開発も計画されていた。だがここでもエンジン開発が遅れ、試作機（ＭＭ４９８）が初飛行を行なったのはイタリア休戦のわずか１カ月前の１９４３年８月であった。

同機は、空力特性と大馬力エンジンから高性能を期待されたものの、当初の試験はエンジン出力が１２００馬力に留まり不調に終わった。しかし最終的には最高速度６３０km／ｈを記録して、開発チームの長年の夢が叶った。

だが、１９４３年９月８日のイタリア休戦と共に、Ｆ.６Ｚ型もその開発を終えて同社の挑戦は潰えたのであった。

X型24気筒液冷エンジン（1,500馬力）を搭載したF.6Z型試作戦闘機。機首の上下左右には、X型エンジンによる独特なバルジや2列式の排気管が見える（Nino Arena氏提供）

第二次世界大戦
海空軍編5

極寒の空に光った稲妻
――ロシア戦線のマッキ戦闘機

第二次大戦の中盤、イタリアは対ソ戦を行うドイツを支援して、東部戦線に陸軍や海軍と共に空軍も派遣し、2機種のマッキ戦闘機が1年半近くに渡りロシア南部の空で闘った。本稿ではこの戦闘機隊について解説しよう。

ロシア南部への派遣とその任務

イタリアが第二次大戦に参戦してから一年後の1941年6月、ドイツ軍はソヴィエト連邦に侵攻を開始した。同盟国としてムッソリーニ統帥はソ連に対して宣戦布告を行い、陸軍のみならず空軍や海軍も対象としたロシア戦線への派兵を決定した。

そこで総員6万2000名から成る『イタリア・ロシア戦線派遣軍』(C.S.I.R.(※1))が編成され、7月にはウクライナ方面に進軍した。そして空軍も航空機支援を決めて8月から第359、362、369および371飛行隊から成る第22独立戦闘航空群(ジョバンニ・ボルツォーニ少佐指揮)と、空冷式のマッキMC.200型戦闘機〝サエッタ〟(稲妻または矢)51機が、クリミア半島に近いクリヴォイ・ログ基地に到着。8月27日には9機のMC.200型が、ソ連軍のI-16型戦闘機2機とSB-2型爆撃機6機を撃墜する幸先の良いスタートを切ったのであった。

(※1)C.S.I.R.…Corpo di Spedizione Italiano in Russiaの略。

雪原の飛行場で左右主翼下に50kg爆弾を搭載して給油される、出撃前のMC.200型戦闘爆撃機（C.B.）。左翼端上にはサルバトール型落下傘が見える

またカプロニCa.311型双発機を装備した第61空中観測航空群（第34、119および128飛行隊）が黒海沿いのトゥードラ基地に駐屯して、偵察や連絡、戦術支援任務に就いている。そして9月には旧式のサヴォイア・マルケッティS.81型三発輸送機を4機装備した第245および246飛行隊も現地での活動を開始した。

さらに夏の一時期だけ、航空映画部所属のカントZ.1007bis型三発機とMC.200型各1機も到着して記録撮影を行っている。この主翼前縁に映画カメラを取り付けた〝サエッタ〟には、貴族出身で後に10機撃墜のエースとなるカルロ・マウリッツィオ・ルースポリ大尉が搭乗していた。8月27日の撮影中にI-16戦闘機2機の奇襲を受けた大尉は、両機を返り討ちにして撃墜したが、乗機も被弾して不時着している。

こうして広大な南部ロシア戦線に展開し、制空や哨戒、護衛および偵察任務に就いたイタリア戦闘機隊であったが、地上攻撃機は地中海や北アフリカ戦線が手一杯であったために回す余裕が無く、攻撃力に問題があった。そこで前線基地では、北アフリカと同様にMC.200型の左右主翼下に爆弾ラック（50kg、100kg、160kg爆弾対応）を装着した戦闘爆撃機（C.B.）型への改造を行って対処している。

厳冬期を乗り超えての活躍

常に強敵であった北アフリカの英軍機と比べれば、性能面でもパイロットの技量面でも見劣りし、MC.200型にとっては与しやすいソ連機であったが、MC.200型には大きな欠点があった。それはパイロット達の要望により、主要生産機から密閉式風防を廃止した開放式操縦席に〝退化〟していた事である。これは灼熱の北アフリカでは好都合ではあるが、冬には上空気温がマイナス数十度に達する東部戦線では致命的であった。また冬期にはエンジンオイルの凍結問題なども発生し、暖機運転の始動に苦労している。

そうした状況下でも12月25日、第359飛行隊はハリコフ北東のノボ・オルロフカで黒シャツ連隊への支援攻撃で5機撃墜の戦果を挙げ、さらに28日にはチモフェイエフカとポルスカヤ地区でI‐16型6機を含む9機を撃墜して味方の損失はゼロであった。しかし翌日には第369飛行隊長ジョルジオ・イアンニチェリ大尉が、I‐16型やMiG‐3型10機との空中戦において戦死し、その死後に戦功章金章が授与されている。

厳冬期の南部ロシアで出撃前に暖機中の第22独立戦闘航空群所属のMC.200型。
胴体側面にはビロン少尉が考案した案山子（かかし）の部隊マークが見える

その後、冬期の悪天候により約1カ月に渡り出撃は中止されたが、翌年2月4日と翌日には、ヴィットリオ・ミングッツィ大尉率いる第359飛行隊の9機が、スラビャンスク近郊のカルナイ・リマン基地へ地上攻撃を行い、さらに戦死したイアンニチェリ大尉から新たに指揮を引き継いだジョバンニ・チェルヴェリン大尉の第369飛行隊の9機も加わり、地上で21機を撃破した。その上数の上で1対10と劣勢だった空中戦でも、5機撃墜の勝利を手にした。そして同飛行隊所属で後に総撃墜数8機のエースとなったジュゼッペ・ビロン少尉は、この厳しい冬の時期に少なくとも4機の撃墜を記録している。

イタリア戦闘機隊は3月末までにさらに21機撃墜の戦果を加えており、とりわけジェルマーノ・ラフェルラ大尉が率い

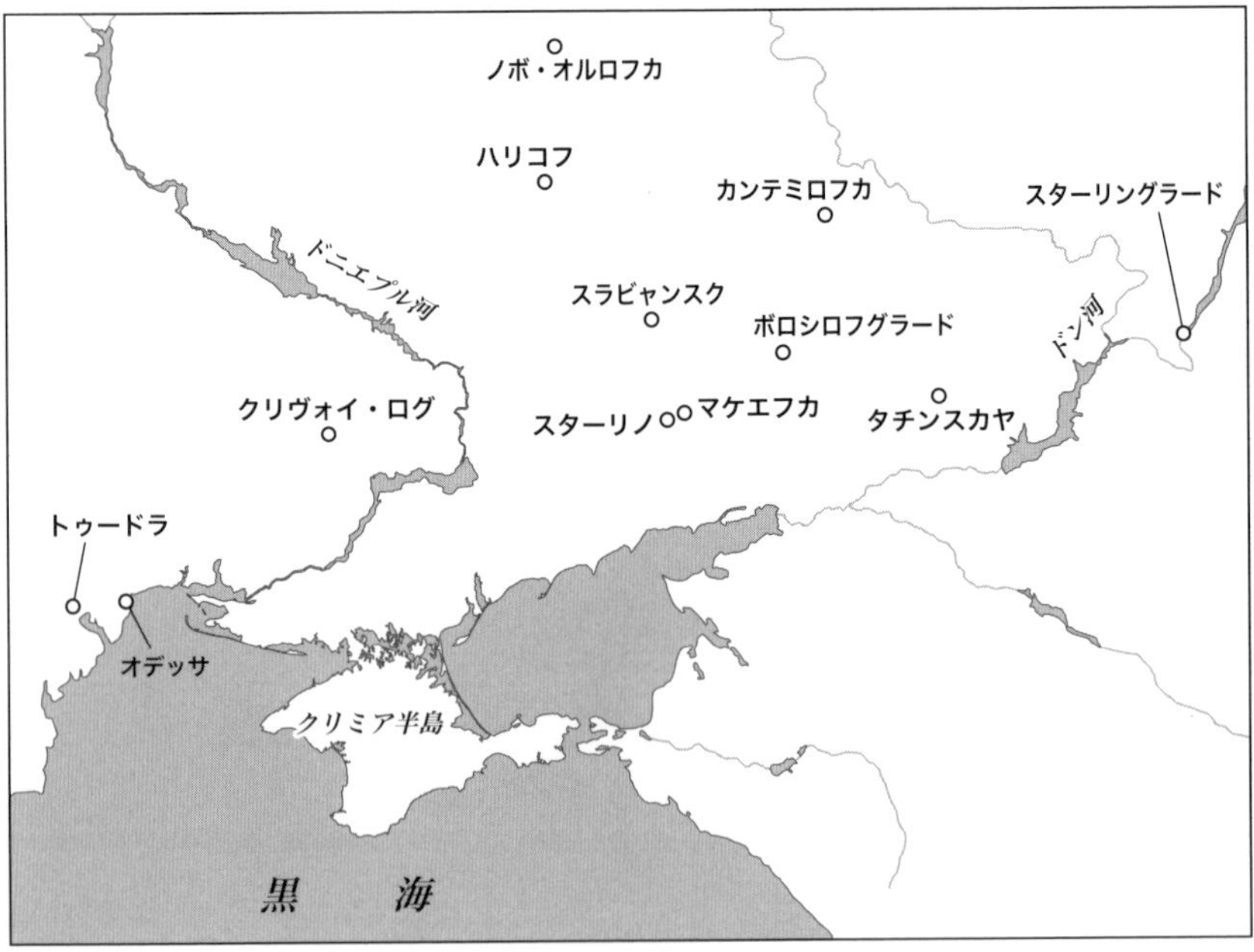

1941年8月の派遣から1943年1月の撤退開始までのイタリア空軍派遣部隊の足どり

た第362飛行隊の戦果は目覚ましく、撃墜30機、地上撃破は13機を数えた。しかし前年から続く戦闘で7名以上のパイロットを失っていた第22独立戦闘航空群の消耗は、春にはピークに達していた。

新戦力への交代と派遣部隊の終焉

1942年5月にはC.S.I.R.軍は『ロシア戦線イタリア軍』(A.R.M.I.R.(※2))への拡充が行われ、それに伴い第356、361、382および386飛行隊から成る第21独立戦闘航空群(エットーレ・フォスキーニ少佐指揮)が到着してスターリノ基地で後任を引き継ぎ、第22航空群は機材を残して本国に帰還した。第21航空群は新たに18機のMC.200型戦闘機を引き連れて来ており、イタリア戦闘機隊は再び息を吹き返したのであった。

またBR.20M型双発機を配備した第71空中観測航空群(第38および116飛行隊)も到着して、第61航空群と交代した。そしてS.81型輸送機を装備した第245および246飛行隊は、引き続き輸送任務を行った。

5月下旬に第二次ハリコフ戦に参加した第21航空群は、独He111爆撃機や偵察機の護衛任務に就き、スラビャンスクでの戦闘では独第17軍司令官からもその攻撃力を賞賛されている。1942年夏のドイツ軍による攻勢「ブラウ」作戦で各飛行隊は、マケエフカを経てタチンスカヤからボロシロフグラードに基地を移しながら転戦し、ドイツ軍機の護衛飛行を行ったが、7月25日から翌日に掛けての空中戦で5機を失っている。

その頃、新型で液冷エンジン搭載のマッキMC.202型戦闘機〝フォルゴレ〟(電光)17機も到着して第21航空群に合流、カンテミロフカ基地からドン河の戦線に投入された。

(※2)A.R.M.I.R.…Armata Italiana in Russiaの略。

1942年夏、東部戦線に到着した液冷エンジン搭載の新型MC.202型戦闘機"フォルゴレ"。第382飛行隊所属の同機は、北アフリカ戦線と同様の迷彩塗装であった

しかし機体を温存するためかその運用は限定的で、帰還までの出撃はわずか17回に留まり、主な任務はスターリングラードを往復する独Ju52型輸送機の護衛であった。そして8月にはイタリア人パイロット7名が、その戦功に対してドイツ軍から二級鉄十字章を授与されている。

数々の被撃墜や事故、故障により、12月の初めの第21航空群の所属機はMC.200型32機とMC.202型11機に減少しており、12月11日に始まったソ連軍による一大反攻戦「小土星」作戦を境にさらに状況は切迫した。16日にMC.202型は包囲が迫るカンテミロフカ基地を放棄して後退、イタリア戦闘機隊は1943年1月17日にミレローボでのMC.202型25機による機関銃攻撃を最後に東部戦線から撤退を開始している。そして5月中旬までにMC.200型30機とMC.202型9機がイタリア本国への帰還を完了したのであった。

こうして17カ月に及んだイタリア空軍によるロシア戦線への派遣作戦は終了した。主戦場の地中海や北アフリカ戦線と比較すると規模は小さかったものの、後半は圧倒的な機数差と苛酷な自然条件の中で善戦したと言えるであろうか。その間にMC.200型戦闘機は延べ2557回の戦闘に出撃、511回の地上爆撃と1310回の機関銃攻撃を行い、1983回の護衛任務に就いている。そして15機の被撃墜と引き換えにソ連軍機88機を撃墜したのであった。

第二次世界大戦
海空軍編6

イタリア最強の戦闘機隊——G.55型戦闘機〝チェンタウロ〟

第二次大戦中、非力なエンジンのため頭打ちになったイタリア戦闘機の開発は、ドイツ製エンジンの導入で打破された。そうして生まれたG.55型〝チェンタウロ〟はドイツ空軍にも高く評価されたが、生産の遅れから休戦以降に本土防空で奮戦したのであった。

頭を替えた新型機と遅すぎた配備

イタリアの第二次大戦参戦後、850馬力級空冷エンジン搭載のフィアットG.50型やマッキMC.200型戦闘機は、1000馬力級エンジンの英軍機に苦戦を強いられた。そこで独ダイムラー・ベンツ社製DB601A-1型液冷エンジン（1175馬力）への換装案が計画され、G.50V型とMC.202型が両社で開発された。この時はマッキ社案が採用されて〝フォルゴレ（電光）〟の名称が与えられ、地中海や北アフリカ戦線で活躍している。だがその頃には既に、急速に進化する連合軍機に備えてより強力な次世代エンジンへの換装計画が始まっていた。

G.50V型は最高速度580km／hを出しながらも制式採用を逃したため、フィアット社はG.50型の機体を徹底的に再設計した実用的な液冷機の開発を続行。より強化された新型の独DB605A型液冷エンジン（1475馬力）を搭載した試作機が、1942年4月30日に初飛行したのであった。

1943年から生産が始まり、R.S.I.空軍（A.N.R.）『モンテフスコ』補助飛行隊に配備されたG.55型戦闘機。手前のボネ大尉機を含めた2機は垂直尾翼の鉤十字マークが荒く消されており、一時的にドイツ空軍に配備されていた事を物語る

試作機は最高速度620km／hを記録して、G.55型〝チェンタウロ（半人半馬）〟として採用された。さらに同型のエンジンを搭載した戦闘機の開発が他社でも進み、マッキ社はMC.205V型〝ヴェルトロ（猟犬）〟を、レッジアーネ社はRe.2005型〝サッジタリオ（射手座）〟を相次いで開発。これら3つの機種は、型式末尾から「5シリーズ」と呼ばれた。

　5シリーズの各試作機は比較テストされ、いずれも優れた性能を見せた。ドイツ空軍も1943年2月にイタリアに使節団を送って3機種に試乗し、Bf109G-4型やFw190A-5型との模擬空戦を行なっている。結果、ドイツ空軍はG.55型に最高評価を与えて量産を希望した。

　こうして開発されたG.55型は1943年から生産が始まり、0シリーズが16機作られたが、フィアット社でのDB605型エンジンのライセンス生産に時間がかかり、次の第1シリーズが15機程完成したところで9月のイタリア休戦を迎えた。その後も枢軸側のイタリア社会共和国（R.S.I.）で生産が続けられたが、終戦までの完成は148機に留まった。これは工場爆撃の被害と共に量産の非効率性も一因とされ、例えばドイツのBf109型では1機あたりの生産に5000時間／人であったが、G.55型では倍の1万時間／人かかっていた。

そうした生産遅延の状況下でも、G.55型の試作1号機と3号機は、1943年3月からローマ・チャンピーノ基地の第51戦闘航空団第20航空群に試験配備された。2機は5月にサルデーニャ島カポテッラ基地に移動して第353飛行隊所属となり、6月の連合軍機によるサルデーニャ島攻撃時の迎撃にて初めて空中戦の洗礼を受けたのであった。一説によると7月24日の空戦で米P-40型戦闘機を1機撃墜しており、これが同機の初戦果とされている。

その後、第353飛行隊には量産第1シリーズの9機も加わり、中部のフォリーノ基地に移った。そして対重爆撃機攻撃の経験が豊富なエゥジェニオ・ピットーニ大尉率いる同部隊のG.55型11機は、首都ローマ防空の任を預かったのであった。しかし間もなくローマは「無防備都市」宣言を行ない任務は凍結されてしまう。その後、イタリア休戦直前の9月第一週にフィアット社の地元トリノ・ミラフィオーリ基地に展開した第153航空群第372飛行隊に12機が到着して、これが王立空軍としてのG.55型の最後の受領となっている。

新生空軍での本土防空戦に活躍

1943年9月8日の休戦宣言後、残されたG.55型戦闘機は、枢軸側となったイタリア社会共和国空軍（A.N.R.）

『モンテフスコ』補助飛行隊に配備された“チェンタウロ”。手前で落下傘装具を身につける搭乗員は、スツーカ急降下爆撃機乗りから転身した老練のエース、エンニオ・タラントラ准尉（10機撃墜）（Nino Arena氏提供

『モンテフスコ・ボネ』飛行隊名となった後の1944年4月、機首にはステンシルで書かれた戦死した元隊長名“G.Bonet”が見える（Nino Arena氏提供）

への所属とされたが、当初その多くはイタリアに駐留するドイツ空軍に鹵獲使用されていた。これはG.55型の優れた性能にドイツ空軍も着目していたからであり、休戦後も引き続きフィアット社に500機の発注を行なっている。

その内訳は12・7㎜ブレダSAFAT機関銃×2（機首）と独MG151型20㎜機関砲×3（両翼内およびプロペラ軸内）装備の第1シリーズが300機、20㎜機関砲×5装備（両翼内と両翼下面ポッドおよびプロペラ軸内）の第2シリーズが200機で、重武装の後者は連合軍重爆撃機に向けた迎撃専用機であった。

そうした中、1943年11月に早くも元第372飛行隊所属機からG.55型装備の『モンテフスコ』補助飛行隊が編成され、翌年3月までピエモンテ州での防空戦に参加した。同部隊を指揮したジョヴァンニ・ボネ大尉（総撃墜数8機）は、3月29日にB-17型重爆撃機1機を撃墜した直後に、米325戦闘航空群所属のハーシェル・グリーン少佐（総撃墜数18機）のP-47D型戦闘機に撃墜されて戦死している。この時、見なれぬ機体を目撃したグリーン少佐は、G.55型を独Fw190型を液冷化したFw290型（当時のFw190D型の誤認名称）であったと報告している。

その後、部隊名は一時的に戦死した隊長名を加えた『モンテフスコ・ボネ』となり、MC.205V型装備でヴェネト州に展開したアドリアーノ・ヴィスコンティ少佐（『Benvenuti! 知られざるイタリア将兵録【上巻】』参照）が率いるA.N.R.第Ⅰ戦闘航空群に吸収された。残ったG.55型は〝G.Bonet〟の元隊長名を機体に書き入れて、イタリア本土防空戦で飛び続けたのであった。

また新たにアントニオ・ヴィツォット中佐指揮の元、G.55型装備の第Ⅱ戦闘航空群がミラノ・ブレッソ基地で編成された。同航空群は第1『ジジ・トレ・オセイ』、第2『赤い悪魔達』、第3『鉄の脚』の3個飛行隊から成り、米P-51D型やP-47D型戦闘機と激闘を交えた。

休戦前は独立第150航空群で北アフリカを転戦したウーゴ・ドラーゴ大尉（総撃墜数17機）は、第1飛行隊を指揮しつつG.55型で迎撃を繰り返し、途中で独Bf109G-6型に乗り換えながら、終戦までにP-47型4機やP-51型2機、B-24型1機など計11機を撃墜した。これはマーリオ・ベッラガンビ大尉（総撃墜数14機）と並んでA.N.R.最多の撃墜記録となっている。

1944年4月25日、連合軍機100機以上によるトリノのフィアット工場爆撃が行なわれ、200t以上の爆弾が飛行場にも降り注いで、完成したばかりのG.55型15機が失われた。この時、7機のG.55型と少数のMC.205V型が迎撃に上がり、乱戦の中で少なくともB-24型重爆撃機7機を撃墜したが、3機を敵戦闘機の反撃で失っている。

その後、第Ⅱ戦闘航空群は敵機の地上攻撃から逃れる

第Ⅱ戦闘航空群第4飛行隊『ジジ・トレ・オセイ』で機首に、北アフリカを転戦した元独立第150航空群から受け継がれた鳥と椰子の木を組合わせた部隊マークが描かれたG.55型戦闘機0シリーズ。「ジジ」とは1942年に北アフリカで戦死したルイージ・カネッペレ中尉の愛称で、「トレ・オセイ」は、中尉の出身であるトレンティーノ方言で3羽の鷲を意味している

1944年4月、フィアット社工場の飛行場で爆撃により破壊されたG.55型。ようやく完成した機体もこのように爆撃で破壊される事も多く、配備の遅れに繋がった。ロールアウト時に既に工場で塗られていた迷彩塗装に注目

様にパルマからヴェローナへとイタリア北部を東に移動、5月にはG.55型全装備を第I戦闘航空群に引き渡し、代わりに独Bf109G-6型を受領したのであった。

第I戦闘航空群はG.55型34機とMC.205V型16機で再編成されて秋までイタリア機で戦い続け、その後はBf109G-10型やBf109K-4型への機種変換が始まる。搭乗員はドイツ国内で慣熟飛行訓練を行ない、生産数が伸びないG.55型は徐々に予備に回されて1945年5月の終戦を迎えた。こうしてイタリア最強とドイツ軍も認めた戦闘機の活躍は、生産と配備の遅れから大戦の終盤にその片鱗を見せて終わりを告げた。

しかし戦後、フィアット社は残された〝チェンタウロ〟とそのパーツを再利用して製造を継続。1947年には戦闘攻撃機型をエジプトに19機、シリアに16機輸出している。そして1948年にアラブ連合とイスラエル間に始まった第一次中東戦争では、G.55型は砂漠の上空でP-51型戦闘機と再び死闘を演じたのであった。

第二次世界大戦
海空軍編7

知られざるイタリア潜水艦隊

イタリア潜水艦隊は、開戦当初から休戦までドイツ海軍のUボートと協同しながら大西洋やインド洋で戦果を挙げ、連合軍の通商船団に多くの被害を与え続けた。ここではそうした知られざる潜水艦戦史と艦長達を紹介しよう。

大規模な潜水艦隊と初戦果

イタリアの潜水艦（Sommergibile）の開発と量産は、第一次大戦前から始まる長い歴史を持ち、1940年6月の参戦当時には地中海と北及び東アフリカの各基地に総数117隻（27クラス）、世界第2位規模の一大潜水艦隊を保有していた。

伊潜水艦群の多くは中型艦であったと伝えられるが、実際にはドイツ潜水艦と比較して遜色のない、水中排水量1900トン級の大型艦も1920年代から既に就役し、また1935年には大型航洋潜水艦カルヴィ級3隻（水上排水量1550トン／水中排水量2060トン）が、1940年初頭には新型マルコーニ級（水上排水量1190トン／水中排水量1489トン）6隻なども就航していた。

イタリア海軍潜水艦基地は、本国のラ・スペツィア、カリアリ、レロ、ナポリ、メッシーナおよびアウグスタ軍港に設けられ、総司令部はジェノヴァに近いラ・スペツィア基地に置かれてマリオ・ファランゴーラ少将が司令官に就任していた。

そしてイタリア参戦3日目の1940年6月12日未明、最新型リウッツィ級（水上排水量1166

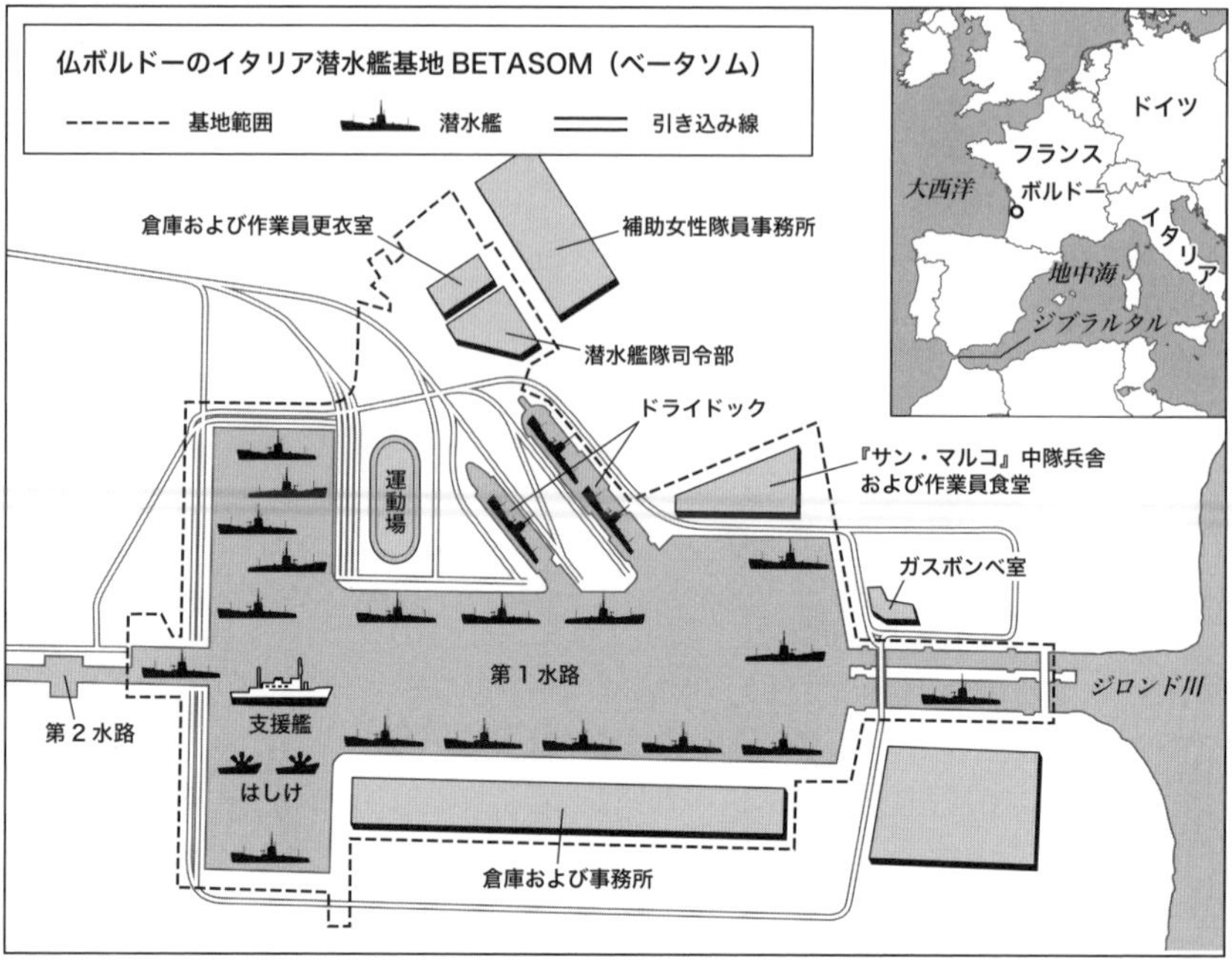

大西洋に繋がったBETASOM（ベータソム）基地全景図。最大で20隻近くの潜水艦隊が停泊可能で、T字形をした人口港の中央上には計3隻収容可能な大小二つのドライドックが見える

トン／水中排水量１４８４トン）の「アルピーノ・バニョリーニ」（トソーニ艦長）が英防空巡洋艦「カリプソ」（排水量４１８０トン）をクレタ島南方にて雷撃で沈め、これが第二次世界大戦におけるイタリア海軍初の戦果となった。しかしその後の戦闘で被害も相次ぎ、6月末までにイタリア潜水艦隊は10隻を失っている。

この「バニョリーニ」を含む外洋航行能力を備えたイタリア潜水艦群は、6月13日の「フィンツィ」を皮切りに次々と、英海軍に厳重に警備されたジブラルタル軍港のある狭い海峡を抜け、その戦場を大西洋に移すのであった。これは、元々大西洋での活動を強化したかったドイツ海軍潜水艦隊（BdU）司令長官デーニッツ中将がイタリア海軍に要請したものであった。

この要請を受けてイタリア海軍は8月から、フランス降伏によりドイツ軍が進駐したボルドーにアンジェロ・パローナ提督指揮下BETASOM〈"β(ベータ)"＝ボルドー、SOM＝潜水艦〉潜水艦基地を設けた。この基地は大西洋への足掛かりとして、ジロンド川につながる二つの水門に挟まれたT形の水路と二つのドライドックを備えていた。

また750人の将兵を収容する兵舎としてフランスとドイツの大型客船を接岸し、ドイツから供与された88㎜高射砲6門と20㎜機関砲45門が配備され、イタリア本国から派遣された『サン・マルコ』海軍歩兵連隊の分遣隊250名に守られた、大西洋におけるイタリア潜水艦隊の一大拠点となった。

BETASOM基地に停泊する支援艦「デ・グラッセ」。フランスの大型客船を接収したもので、搭乗員や整備兵達の兵舎として使用された

1940年9月30日、独海軍デーニッツ中将（中央）と伊海軍パローナ提督（右）の謁兵を受けるBETASOM基地のイタリア海軍将校達

ドイツ海軍との協同作戦

こうして1940年9月より、イタリア海軍の大型航洋潜水艦29隻がジブラルタル海峡を突破し、このBETASOM基地に次々と到着する事になる。この海峡の突破はイタリア潜水艦隊の得意とするところで、これまでも28隻で計48回にもわたって警備の厳重な海峡突破に成功し、1隻の損失も記録していない。これはドイツ潜水艦の行動と比較しても一驚に値する。また10月からは、アントニオ・レニャーニ少将が第8艦隊から伊潜水艦隊司令官に就任した。

1941年1月1日未明に「バニョリーニ」（トソーニ艦長）は、威力偵察としてロンドン港侵入を敢行。浮上中に英サンダーランド飛行艇3機からの攻撃を受けるものの、このうちの1機を撃墜して無事に帰還した。しかし1941年初頭になると当初の勢いは薄れて損害も次第に増加、1941年度は大西洋で8隻を撃沈されている。元来大西洋の荒れた海を考慮していないイタリア艦の中には、通風筒を装備していない艦すらあった。また、連携意識の相違からドイツ海軍との不協和音も次第に大きくなった。それでも、1月には『ビアンキ』戦隊の4潜水艦は、5隻のドイツUボートと協力して敵輸送船団を攻撃、その内の3隻を撃沈している。

だが度重なる損害と一向に上がらぬ戦果に業を煮やしたデーニッツ提督は、作戦の連携方針を転換した。つまり1941年5月15日をもってイタリア海軍の受け持ちは、大西洋南方とアフリカのシエ

1942年頃、第2ドックで修理中のカルヴィ級「タッツォーリ」。18隻の撃沈数でイタリアトップとなった同潜水艦であったが、極東航海への出港直後の1943年5月半ばに英軍機から投下された機雷により、55名の搭乗員と共に永遠に消息を断った

ラレオネやフリータウン沖水域に変更されたのである。これはイタリア潜水艦隊の士気にも影響を及ぼし、〝ドイツ海軍は獲物の少ない水域を割り当てた〟と憤慨させた。

それでも各個の潜水艦はこの海域で出撃を繰り返し、1941年から43年にかけてカルヴィ級「エンリコ・タッツォーリ」（ラッカネッリ艦長／フェチア・ディ・コッサート艦長）は18隻（9万2983トン）を撃沈しトップとなり、マルコーニ級「ルイージ・トレッリ」（ロンゴバルド艦長／デ・ジャコモ艦長）も7隻（3万9300トン）を沈めている。

大西洋での戦果と挫折

当初はドイツ海軍から割り当て海域での活躍を期待されたイタリア潜水艦隊であったが、1943年に入ると目算違いがはっきりしてきた。その背景にはイタリア潜水艦の性能上の問題点に加え、ソナーを備えた連合軍艦船の対潜水艦索敵能力の急速な向上や、レーダー装備の長距離哨戒機にその行動が制限されてきた事実があった。

そのためイタリア艦の大西洋での戦果はさらに減少した。中にはマルコーニ級「レオナルド・ダ・ヴィンチ」（ガッザーナ・プリアロッジア艦長）のように、4月の一週間だけで南アフリカ沖で計6隻（2万9648トン）を沈めた猛者もあったが、これは例外的な存在であった。この1943年2

マルコーニ級「ビアンキ」に積み込まれる、大型の533㎜魚雷。同潜水艦は1941年2月に輸送船3隻（14,705トン）を撃沈する戦果を挙げたが、7月4日の出港直後に英潜水艦「ティグリス」の魚雷攻撃を受け、新任のトソーニ艦長と共にボルドー沖に沈んだ

大西洋での哨戒任務を終え、BETASOM基地に帰投して軍楽隊の出迎えを受けるマルコーニ級「レオナルド・ダ・ヴィンチ」。グレー色の艦橋や船体には、対空用に塗られたダークグリーン色の迷彩塗装が見える

月から5月にかけてのプリアロッジア艦長の撃沈記録（5万8967トン）は、独伊側の一航海での戦果としては第8位に記録されている。

さらに「ダ・ヴィンチ」は3月13日に英客船「エンプレス・オブ・カナダ」（2万1517トン）を撃沈したが、実は同船には北アフリカ戦線のイタリア兵捕虜400名も同乗しており、その内340名が水死する悲劇も生んでいる。そして帰投途中の5月23日、「ダ・ヴィンチ」はビスケー湾で英駆逐艦とフリゲート艦に捕捉され、ボルドー湾手前で撃沈された。その最終撃沈数17隻は伊海軍第2位で、撃沈総排水量12万2337トンは第1位で、独伊トップ20位内唯一のイタリア潜水艦であった。こうして1943年9月の休戦までにBETASOM基地所属の潜水艦16隻が沈められ、790名が戦死した。

結論からいえば、大西洋におけるイタリア潜水艦隊は個別には戦果を挙げたものの、戦略的には目的を達したとはいえない。ドイツ側からの要請があったとは言え、むしろこの戦力を地中海のマルタ島や北アフリカへの輸送を続ける連合軍船団に使用して、その制海権を脅かした方がより効果的であったと思われる。

そして大西洋での通商破壊作戦が下火になったイタリア潜水艦隊は、ドイツ海軍に協力して1943年春から次々と輸送潜水艦に改造され、6隻が2波に分かれてインド洋を越えて日本を目指した極東航海に就いたのであった（『Benvenuti! 知られざるイタリア将兵録【上巻】』に収録の「知られざる極東潜水艦作戦」参照）。

作戦終了後、ドイツ海軍将校から戦果を祝福される「トレッリ」艦長プリモ・ロンゴバルド中佐（左）。1942年7月15日、カルヴィ級1番艦「ピエトロ・カルヴィ」の乗艦中に敵艦の攻撃により同潜水艦は沈み、ロンゴバルド艦長も戦死した

BETASOM基地所属潜水艦の艦長別撃沈戦果リスト
（1940年6月〜1943年9月／総計15,000トン以上の艦長）

艦長名	潜水艦名	出撃回数	攻撃回数	撃沈艦船	
				総数	総トン数
ガッザーナ・プリアロッジア	アルキメーデII	1	14	11	90,601
	ダ・ヴィンチ	2			
フェチア・ディ・コッサート	タッツォーリ	6	23	16	86,545
フラテマーレ	モロシーニ	5	7	5	35,606
ロンガネージ・カッターニ	ブリン	5	7	8	34,439
	ダ・ヴィンチ	5			
オリヴィエーリ	カルヴィ	3	5	5	29,031
デ・ジャコモ	トレッリ	6	5	3	25,382
ジゥディチェ	フィンツィ	3	4	3	21,496
サッカルド	アルキメーデII	2	2	1	20,043
トダーロ	カッペリーニ	5	4	3	17,687
ロンゴバルド	トレッリ	2	4	4	17,489
	カルヴィ	1			
ブルーノ	ジュリアーニ	1	4	3	16,103
ポッリナ	マルコーニ	2	5	5	15,823
リゴーリ	バルバリーゴ	1	3	3	15,584

第1位と第2位の二人の艦長は一航海で各6隻撃沈の戦果を挙げており、他の個人戦果と比較するとその戦果が飛び抜けているのが判る

第四部

イタリア軍兵器列伝

※166〜207ページの記事は、月刊「タミヤニュース」に掲載された「第二次大戦イタリア軍装備解説」連載記事を元に再構成したものです。

兵器列伝1

モト・グッチ軍用バイク

戦場に出現した鉄馬

第一次大戦前、各国に比べて導入が遅れていたイタリア陸軍の軍用オートバイ配備数は、1915年5月の参戦時に1500台程度であった。

しかしイソンゾやモンテ・グラッパの激戦において軍用バイクの伝令や偵察としての有用性が認められ、1918年までには6000台まで増産配備された。この新器材は全軍2000に及ぶ部隊で使用され、その中でも既に自転車を3万台装備して欧州有数の自転車部隊を持っていたベルサリエリ部隊に多く配備され、イタリア軍機械化の一翼を担ったのであった。

その軍用バイクで多く見られたのがフレーラ製500ccバイクで、3速／2馬力ながら自転車をやや大型化した程度の軽量ボディで60km／hの最高速度を出し、戦場の鉄騎として活躍した。しかし燃料タンクはまだ四角い小型で、近距離の連絡や偵察任務にしか就けなかった。

第一次大戦当時の雑誌に掲載された、フレーラ製500cc軍用バイクと騎兵銃を持ったベルサリエリ兵の広告写真。全体のレイアウトはエンジン付き自転車の形状であった

そして第一次大戦後は前大戦の教訓から、より堅牢で大馬力エンジンと長距離走行が可能な大型化した燃料タンクを搭載した軍用バイクが求められた。そこで1920年代から30年代に掛けてベネッリ社やジレラ社等が250cc、350cc、500ccクラスの軍用2輪型バイクや後部に幌付き荷台を設けた輸送用の3輪型を開発、納入していた。その中に、後にイタリア有数のバイクメーカーとなったモト・グッチ社があった。

■レースから生まれた技術

モト・グッチは第一次大戦後の1920年に設立された若いメーカーであったが、創立者で独創的なエンジニアであったカルロ・グッチは早くからオートバイレースに参加してその技術を磨いていた。そして会社の創設に加わりながら事故死したレーサーのジョヴァンニ・ラヴェッリ飛行士に因んで、翼を拡げた鷲の空軍マークがエンブレムに採用されたのであった。

1923年には野心的な新機軸を盛り込んだC2V型（500cc）でレース初出場、初優勝を飾り、翌年開発したC4V型ではエンジンにOHV（オーバー・ヘッド・バルブ）を採用して国内外でも数々のグランプリレースで優勝した。そして中・長距離レースでは世界記録を次々と打ち立てて、最終的に30馬力まで進化したマシンは最高速度160km／hまで達し、イタリア製オートバイが世界の頂点に立ち、イタリア国民を熱狂させる一時代を築いた

1926年に製造された500ccクラスのC4V型。ヨーロッパ各国のグランプリレースで優勝し、数々の新記録を打ち立てた

のであった。

その後、250ccクラスでも新型レーサーの開発を続け、英マン島TTレースにも参戦して好成績を残している。その経験を活かした〝ビッグシングル〟エンジンの市販モデルを次々と販売して、モト・グッチ社はビジネス的にも成功した。さらに1930年代にはスーパーチャージャーを搭載した80馬力、最高速度200km／hを超えるスーパーマシンの開発も続け、イタリア製バイクの黄金期に華を添えたのであった。

■軍馬となったヘラジカ

同社は陸軍や警察への生産も行ない、1928年には新型フレームやサスペンション、水滴型燃料タンクを装備した近代的レイアウトのGT16型245台を陸軍に、1930年にはスポルト14型を都市警察に納入した。この頃からエンジン左側面には〝ベーコンスライサー〟とアダ名された大直径フライホイールが外付けされ、これは同社マシンの顔となっている。

1932年から500ccの軍用タイプGT17型の生産が始まり、1939年までに4800台がイタリア軍に配備された。そしてその改良型であるGT20型が出たところで、第二次大戦のイタリア軍用の主役バイクが登場した。

1939年、間近に迫った戦争に備えて新たな軍用バイクのスペックを提示するイタリア軍に対して、モト・グッチは最新のGT20型をさらに改良する案を提出した。これによりGT20型は247台で生産が打切られ、新たに「アルチェ」（Alce：ヘラジカ）型が誕生した。同モデルは、GTシリーズ同

ヘルメット右側に付けた羽根飾りを風になびかせて、「アルチェ」型オートバイに跨がるベルサリエリ部隊オートバイ兵達。燃料タンクには、モト・グッチ社の鷲のマークとALCEのロゴが見える

東部戦線で使用される、軍用タイプのGT17型。ハンドルステー上には機銃架が設置され、ブレダM30型軽機関銃を搭載している。このイタリア軍独特の装備方式は、「アルチェ」型にも引き継がれた

戦後レストアされ、現在も走行可能な状態で保存される「アルチェ」型サイドカー。側車後部の予備タイヤ上には、手動の空気ポンプが見える

様に水平配置500ccワンシリンダーエンジンを搭載したが、GT17型の3速／13・2馬力から4速／14馬力に強化された。航続距離の延伸を目指して燃料タンクも大型となり、それに合わせてGT17型より10kg重くなったが、最高速度は76km／hから90km／hに向上している。

モト・グッチ軍用バイクの完成型である「アルチェ」型は、シンプルなエンジン構造で信頼性があり、長距離レースで培っ

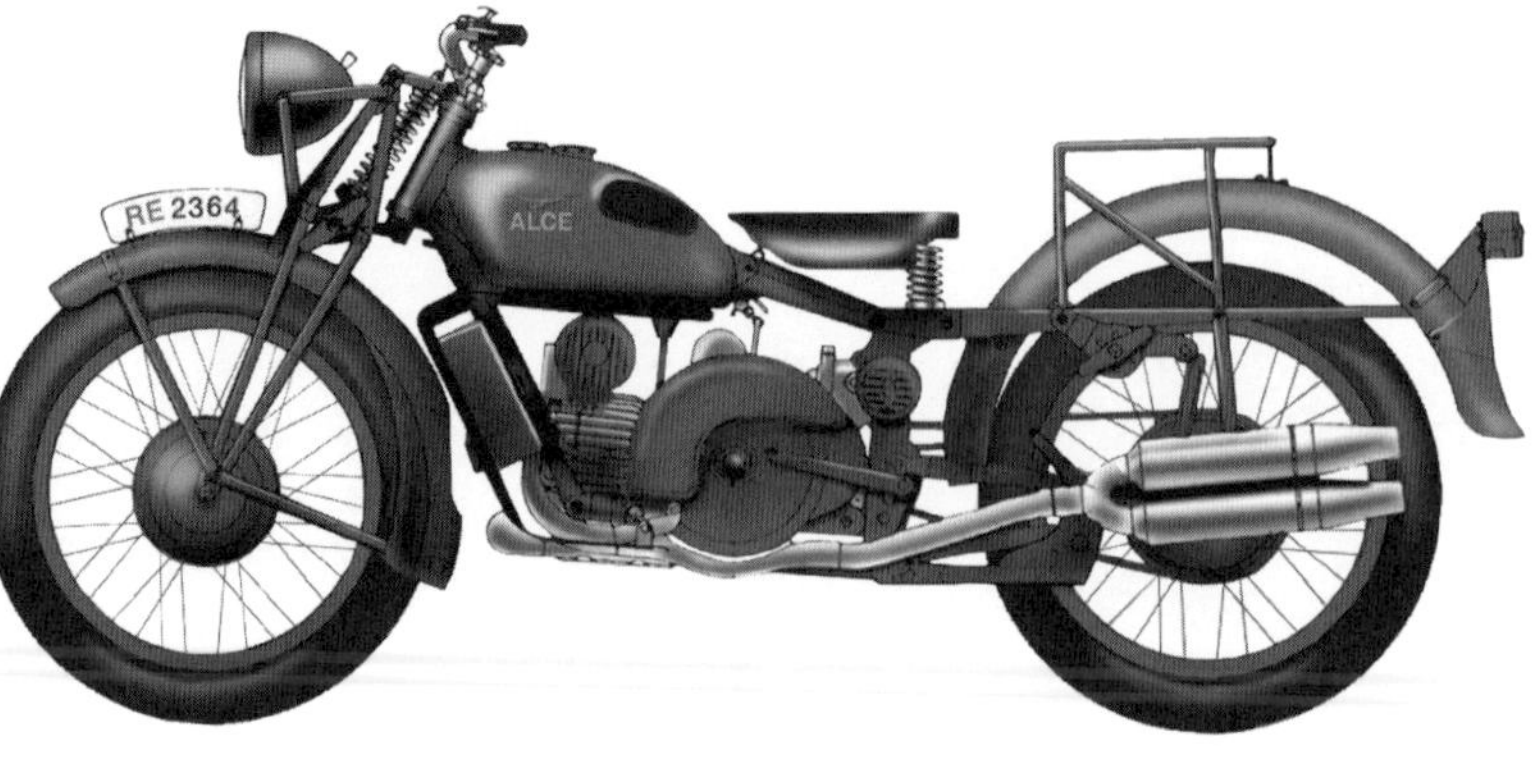

【モト・グッチ「アルチェ」型軍用バイク】

全長:2.22m、全幅:0.79m、全高:1.07m、重量:180kg、エンジン:1気筒500ccガソリン（14馬力)、最高速度:90km/h（路面)、航続距離:300km、武装:6.5㎜ブレダM30型軽機関銃×1（搭載可能)、乗員:1名〜2名

1人座席タイプの「アルチェ」型。燃料タンクは、GT17型に比べて丸く大型化している。エンジン左側面に見える、モト・グッチ製オートバイの特徴である円形のフライホイールに注目

たサスペンションやフレーム構造は軍用としてもタフで、第二次大戦中は北アフリカの砂漠からロシアの雪原まで、あらゆる苛酷な環境でもその性能を発揮した。そして1人座席型と後部にもシートと姿勢保持のハンドルを加えた2人座席型を合わせて6390台が、サイドカー型で669台が1943年まで製造され、イタリア軍用バイクのシェア1位を占めている。また戦後も1950年代半ばまで軍用バイクとして新生イタリア軍で使用されている。

またベネッリ社やジレラ社と同様、モト・グッチ社でも後部に荷台を設けた輸送用の3輪型「トリアルチェ」が、1940年から1943年に掛けて1741台生産された。これは荷台に500kgまで積載可能で最高速度74km／hを出し、トラックに替わり輸送に従事した。中には荷台を改造して8㎜ブレダM37型重機関銃を搭載した対空機銃タイプや防盾を付属した移動銃座タイプが存在し、前線で使用されている。

兵器列伝2 フィアット508CM連絡車

■小型車を元に開発開始

1931年初頭、各国に比べて遅れていた軍の機械化を進めたイタリア陸軍省は、国内の自動車メーカー各社に対して小型連絡車輌の開発を要請した。これは既にテストされ好成績を残している英国製オースチン7型と同様のサイズや重量、能力を持った車輌とされ、主に将校の移送と部隊間の連絡を目的としたものであった。

そこでフィアット社は、自社の508A型「バリッラ」乗用車を軍用に転用するプランを提出した。この二人乗り小型車は軽快な走りで人気が高く、1932年のミラノ自動車ショーでの発表価格は、市民にも手が届く1万1000リラであった。そこで陸軍は、この新型車の軍用型を508M（Militare：軍用）型「スパイダー」として採用した。同車は全長3・25m、全重量690kg

迷彩塗装された軍用のフィアット508M型「スパイダー」に乗る、陸軍将校と外国の客人。当時のイタリア車輌の多くは、写真でも見られる右ハンドルであった

と軽量で、20馬力1000ccエンジンにより路上で最高速度65km／h、航続距離310kmの性能を発揮したのであった。

1933年に508M型「スパイダー」がカラビニエリ（軍警察）に700輌納入され、次いで砲兵部隊から一般部隊へと配備されていった。また後部トランクを改造したミニバンや軽トラック（300kg～400kg積載可能）も開発され、各部隊に配備された。1934年から生産が始まった508M型の第2シリーズではトランスミッションが3速ギアから4速ギアに改良され、軍用としては不便であった二人乗りの問題も、市販の508B型をベースにした4ドアで四人乗りの「トルペード」型が登場して解決されている。

1935年10月に始まったエチオピア戦争では、乗用車型351輌やミニバン型20輌、軽トラック型491輌が北部戦線に投入され、スペイン市民戦争でも多目的な軽車輌として活躍した。製造は1937年には終了したが、その後の第二次大戦でも全戦域で使用されたのであった。

■万能中型連絡車の誕生

連絡車輌として重用された508M型であったが、前線からは「バリッラ」より大型でパワーのある車体が求められた。そこで1938年にフィアット社は、前年に登場したより大型の四人乗り新型車、508Cの軍用タイプを陸軍の機械化中央研究所に提案した。

これは独フォルクスワーゲンがキューベルワーゲンに転用された様に、民間タイプの車体を軍用に改造したものであった。前年に軍で採用された508C型「トルペード」（後に「コロニアーレ」）は、まだ民間タイプの曲面の多い車体であったが、この軍用車は生産性を重視した直線的なボディに再設計され、他国の軍用車と同様に屋根は無く、幌付きのオープントップ型式であった。同車は4気筒30馬力1100ccエンジンを搭載した中型車で、最高時速95km／hの路上性能を発揮、全長3・62m、重量890kgのバランスの取れた車体を活かして、オフロードでも2輪駆動で充分な性能を発揮したのであった。

また、後部座席前中央に新たに対空用機銃架が設置可能となり、8㎜ブレダM37型重機関銃を搭載することにより、連絡用途以外にも偵察や索敵などの広い任務も可能となった。

この軍用タイプの508C型はただちに採用され、508CM型として全軍に配備されていく。そしてアフリカの砂漠地帯での使用を考慮してエンジンに防塵フィルターを装備、燃料ポンプも改良して砂上用タイヤに変えた「コロニアーレ」（植民地仕様）型も開発、配備されていった。同車は燃料タンクを70リットルに大型化したため全長も4・05mに拡大し重量も930kgに増大したが、航続距離

幌を上げて側面窓を取り付けた、508CM型「コロニアーレ」。角張った軍用車らしいボディのプレスラインに注目（Nicola Pignato氏提供）

東部戦線で使用される、508CM型「ベルリーナ」。セダン仕様の屋根だけではなく、丸みのあるフロントグリルやボディなど独自のデザインであった

1940年6月、大型のビアンキVM6C型に乗って対仏戦直後のアルプス戦線を視察するムッソリーニ統帥

1941年3月、ガリボルディ将軍とロンメル将軍を乗せ、トリポリ上陸後のドイツ・アフリカ軍団III号戦車横を通過するフィアット2800CMC型（Nicola Pignato氏提供）

も通常タイプの320㎞から570㎞まで延伸しており、広大な砂漠戦でその能力を活かした。

また1941年には、C.S.I.R.軍（イタリア・ロシア派遣軍）司令部の要請により、「ベルリーナ」型も配備された。これは厳冬季でも耐えられる様、幌式ではなく金属製の天井のあるセダン仕様で、FO（Fronte Orientale：東部戦線）型とも呼ばれ、約50輌が東部戦線に送られている。

こうして508CM型はイタリア軍の連絡車輌の中心となり、各型合計で6000輌余りが生産された。さらに1943年9月のイタリア休戦以降も北伊トリノのフィアット工場で製造が継続され、終戦までに少なくとも1640輌が完成。ドイツ軍や枢軸R.S.I.軍で使用されたのであった。

大型スタッフカーの開発

また師団司令部や軍団司令部では、中型車とは別に連絡や視察用の専用大型車輌が必要とされ、大戦前にはビアンキ社やアルファ・ロメオ社が6気筒2200〜2500㏄クラスの軍用車、VM6C型や6C 2500「コロニアーレ」（植民地仕様）型を相次いで開発し、陸軍に納入していた。１９３８年、フィアット社も独自に5人乗りの大型車２８００ＣＭＣ型を開発。85馬力２８００ccエンジン搭載の同車は、陸軍のみならずイタリア王室にも採用された。

２８００ＣＭＣ型は５０８ＭＣ型に似たプレスラインの直線的な車体設計であったが、全長は４・７ｍもある大型の連絡車輌であった。また大馬力エンジンのパワーを活かして最高時速１１５㎞／ｈの路上性能を有し、航続距離は米軍ジープに少し劣るものの、４００㎞を誇った。

同車の製造は１９３８年から１９４４年まで続き、「ベルリーナ」型２１０輌を含む６２１輌が作られた。そしてその一部は戦後１９５０年代まで、イタリア共和国大統領の専用車としても使用されている。

3色迷彩で塗られた508CM型「コロニアーレ」。幌を畳み、対空用機銃架に8㎜ブレダM37型重機関銃を搭載している

【508CM 型コロニアーレ連絡車】

全長:4.05m、全幅:1.48m、全高:1.48m、重量:930㎏、エンジン:フィアット108型4気筒1,100ccガソリン（30馬力）、最高速度:95㎞/h（路面）、航続距離:570㎞、武装:8㎜ブレダM37型機関銃×1、乗員:4名

兵器列伝3

SPA38R軍用トラック

第一次大戦時、Fiat 15 Ter型軍用軽トラックから改造された陸軍所属の救急車。この当時からイタリア軍用車輌は右ハンドルが多く見られる（Nicola Pignato氏提供）

■前大戦からの発展

20世紀初頭、モータリゼーションの波が比較的早く押し寄せたイタリアであったが、第一次大戦での自動車化は各国より遅れ、輸送部隊でのトラック導入や配備は戦争半ば近くであった。この頃、機械化部隊の主力であったＦｉａｔ 15 Ｔｅｒ型軽トラックは、参戦前の１９１１年に開発されたＦｉａｔ 15 ｂｉｓをリビア向けに改良して１９１３年から量産が始まった４×２駆動方式の２トン車で、35馬力のＦｉａｔ 53 Ａ型４気筒ガソリンエンジンを搭載して、最高時速40㎞／ｈで２・２トンの積載が可能であった。また同車も当時のイタリア軍用車輌に多く見られる右ハンドル仕様で、これはその後の軍用トラックにも受け継がれて行った。

オーソドックスな設計ながらバランスが取れ、信頼の置ける構造であった同車は、汎用トラックとしての使い勝手の良さを認められ、無線通信車や病院車、救急車、探照灯車など多くの派生車も作られ、ロシアのAMO／ZIL社でも6200輌以上ライセンス生産された。更により大型で積載量が4トンのFiat 18 BL型およびBLR型に発展したが、第一次大戦後の1922年には生産が終了している。しかし、1940年まで使用されたのであった。

その後、大戦後の軍縮機運で機械化歩兵部隊や輸送部隊の主力となる軍用トラックの配備はしばらく滞るが、予算を掛けずに民生トラックの軍用への転用が検討され、トリノのSPA社（Societ Piemonte Automobili／ピエモンテ自動車会社）が開発した2・5トンの新型軽トラックが、SPA 25 C／10 R.E.（王立陸軍）型として制式化された。

同車はFiat 15 Ter型と同様なボンネットスタイルの4×2方式で、39馬力のガソリンエンジンを搭載、最高時速は50km／h、2・5トンの積載が可能であった。1924年からトリノのガラヴィーニ社で生産が始まり、1932年で生産終了した第3シリーズまで多くの派生車も作られている。北アフリカ・リビアの統治では436輌のトラックや125輌の水運搬車、272輌の救急車が派遣されている。また1936年に始まったスペイン市民戦争ではイタリア義勇軍に送られ、本国では陸軍の騎兵部隊やベルサリエリ部隊あるいは空軍にも配備されて第二次大戦を迎えたのであった。

第一次大戦後に民生トラックから流用配備されたSPA 25 C/10 R.E.型軽トラック。まだ運転席の天井は幌式で、この頃は左右のドアも無かった
（Nicola Pignato氏提供）

■汎用トラックの決定版

汎用トラックとして広く使われたSPA 25型であったが、1930年代に入りイタリア経済の立て直しが進むと、イタリア陸軍は広大な北アフリカでの運用を考慮した新型軍用トラックの配備を再開した。そして1933年にFiat社の傘下に入ったFiat SPA社に開発を依頼し、同社はSPA 25型の発展タイプを試作した。これは同じく右ハンドルの4×2駆動方式で、55馬力のFiat 18T型4気筒ガソリンエンジンを搭載して最高時速50km/h以上を出し、車体も延長して積載量を3・2トンまで増やしたもので、これによりCV33/35型豆戦車も搭載可能となる。

この試作車は空冷式のSPA 36 R型と液冷式のSPA 38 R型として1935年に採用された。1937年にはリビアに、翌年には東アフリカ派遣軍（A.O.I.）に配備され、1938年には各型合計800輌がリビアで運用されたが、不整地での走破性能やサスペンションの不具合も指摘されている。これは通常の4×2駆動方式や板バネ式サスペンションによるもので、同車が同時期に開発した新機軸満載のDov.35型野戦トラックとは比べるまでもなかった。しかし路上では大きな問題も無く液冷式のSPA 38 R型が主流となり、スペイン市民戦争では65mm17口径のM1908/13型野砲の牽引に活躍し、本国では快速師団に配備されて、荷台に25名の兵員が乗車可能な機械化部隊の兵

近年、リミニの軍事イベントに参加したSPA 38 R型軍用軽トラック。戦後、農家の納屋などに残っていたこうした軍用車輌はボランティアの手によりレストアされ、現在も可動状態にある。左後方にはこれも可動状態のFiat 508CM型連絡車が見える

員輸送トラックとして、陸軍大演習ではそのパフォーマンスを内外にアピールしたのであった。
このSPA 38 R型の汎用性に目を付けたフランスから、1940年春には、陸軍用と空軍用に500輌の発注を受けている。しかし既にドイツとの戦争状態にあった為にドイツ側から輸出の妨害を受け、さらに6月の枢軸側でのイタリア参戦により、一部を納入しただけでキャンセルされた。残された400輌は75㎜野砲の牽引車として対仏戦で使用されている。またハンガリーでもライセンス生産が行なわれ、1943年9月のイタリア休戦以降は捕獲したドイツ軍でも使用された。そしてSPA 38 R型もこれまでの軍用トラックと同様に無線通信車や病院車、救急車や工作車など多くの派生車が作られている。また北・東アフリカ向けにエアフィルターやオイルフィルター、100リットルの予備燃料タンクやバッテリーを増設したコロニアーレ（植民地仕様）型も生産、配備された。
SPA 38 R型は、旧いボンネット形式のエンジンレイアウトで、同社のDov.35型野戦トラックに比べてその設計思想は凡庸だった。しかしそのバラ

SPA 38 R型軍用軽トラックをベースに開発されたR5型無線通信車。師団本部の指揮車輌として、前線に同行した
（Nicola Pignato氏提供）

SPA 38 R型の荷台に20㎜65口径のブレダM35型を搭載した試作自走対空機関砲。こうした改造は、各種トラックでも行なわれている

ンスや丈夫で使い勝手の良さから、第二次大戦中はイタリア軍の軍馬として熱砂のアフリカから極寒のロシア戦線まで広く使用された。
またその汎用性から終戦直後の1945年夏にはバッテリーを取り替えて88リットル予備燃料タンクを搭載した38 R／45型の再生産が始まり、新生イタリア軍において1956年の退役まで長く使用され続けたのであった。

1930年代、イタリア陸軍に配備されたSPA 38 R型汎用軽トラック。ダークグリーン系の単色で塗装されている

【SPA 38 R 型トラック】

全長:5.78m、全幅:2.07m、全高:2.55m（荷台幌使用時）、重量:3,200kg、エンジン:Fiat 18T型4気筒4,053ccガソリン（55馬力）、最高速度:51km/h（路面）、航続距離:290km、乗員:2名

兵器列伝4

TM40型ガントラクター

■農業トラクターからの発展

日本に輸入され、星章を付けて陸軍工兵部隊で使用されるパヴェージ社製P4型トラクター。大型ホイールは、ソリッドタイヤが未装備の初期タイプ

イタリアは第一次大戦において砲兵部隊の機械化に遅れ、多くが馬匹の移送に頼っていた。しかし、1923年に陸軍は民間企業各社に砲牽引車（ガントラクター）の試作を発注し、マントヴァのパヴェージ社が大戦後に農業用トラクター製作で培った技術を活かして、4輪式ガントラクターP4型を開発、トライアルを勝ち抜いた。

同車は52馬力エンジンを搭載し、最高速度は20㎞／hと低速ながら高トルクと大直径ホイールで大きなグリップ力を生み、大型野砲や弾薬運搬車を4トンまで牽引する能力があった。パヴェージ社トラクターの特徴として、前後に分割されたシャーシが中央で連結されて自在に動き、凸凹のある不整地に対応した。スポーク式に軽量化した鉄製ホイールは、路面用にソリッドタイヤを上から履かせ、外側には折畳み式の

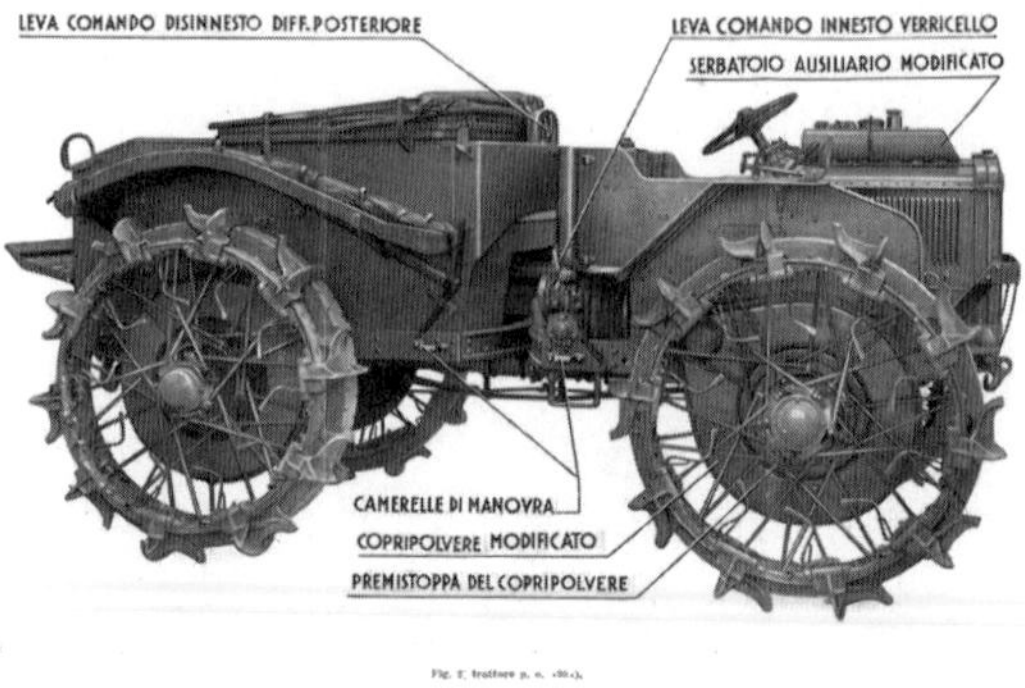

P4型から発展したM26型ガントラクターのマニュアル写真。ソリッドタイヤの外側には突起が付けられており、舗装道路上では外側に畳まれた

突起が付けられ、これによりグリップ力を増して泥濘地でも問題なく走破が可能であった。

1924年にはP4型ガントラクターの改良型がM25型として45輌先行製産され、その後M26型砲牽引車として制式化され、製造拠点をフィアット傘下のSPA社（ピエモンテ自動車会社）に移して4年間で数百輌作られた。そしてエンジンを57馬力に強化したM30型やその改修タイプのM34型が作られ、第二次大戦前までにイタリア陸軍砲兵部隊の機動力の中核を担ったのであった。

パヴェージ社製砲牽引車はギリシアやポルトガル、スペイン、スイス、ハンガリーなどの各国に輸出され、日本陸軍も研究用に初期のP4型を1輌輸入した。しかし我が国では、全装軌式の米ホルト社製トラクターが採用され、それ以降のガントラクターの基礎となった。

また1930年代にはチューブ式タイヤも装備され、北アフリカ・リビアや東アフリカに送られ、エチオピア戦争やその後のスペイン市民戦争で13口径149mm砲や28口径105mm砲を牽引した。第二次大戦では既に時代遅れであったが、ギリシアやロシア戦線に投入されている。

■機械化した軍馬の登場

砲兵部隊の近代化のため配備されたＰ４型ガントラクターであったが、１９３０年代以降に各国で研究が進む来るべき機動戦に対して、鈍重な機材では高速移動するトラックなどに追いつけない問題が指摘された。そこでイタリア陸軍は新たな砲牽引車開発を目指し、ＳＰＡ社では軽量のＴＬ37型が開発され、砲兵部隊や機械化歩兵部隊に配備された。

しかし陸軍はさらに大型で高速の新型砲牽引車の研究を進め、第二次大戦前夜の１９３８年にブレダ社とアルファ・ロメオ社およびＳＰＡ社に試作車輌を発注した。この中型ガントラクターは兵員10名以内を乗せて5トンの牽引能力を持ち、最高速度はＴＬ37型の38㎞／hより速い40㎞／h以上で走行できる事が条件で、3社での競作の結果１９４１年には、堅牢で信頼性のあるＳＰＡ社案が採用され、ＴＭ40型砲牽引車として制式化された。

天井に幌を掛けたTM40型ガントラクター。短いホイールベースや平らなフロントマスク、ドアの無い側面など、特徴的なデザインが見える

このオープントップの新型牽引車は、4輪駆動で4輪独立懸架の凝った足周りに、これまでと同様に大直径ホイールを装備して、高トルクで不整地での重量物の牽引に対応したが、エンジンは１０５馬力（ディーゼル）に強化され、最高速度も43㎞／hを上回った。運転手と助手以外に兵員6名を乗せ、車体後部のラックには予備砲弾を搭載出来た。また外観もこれまでの

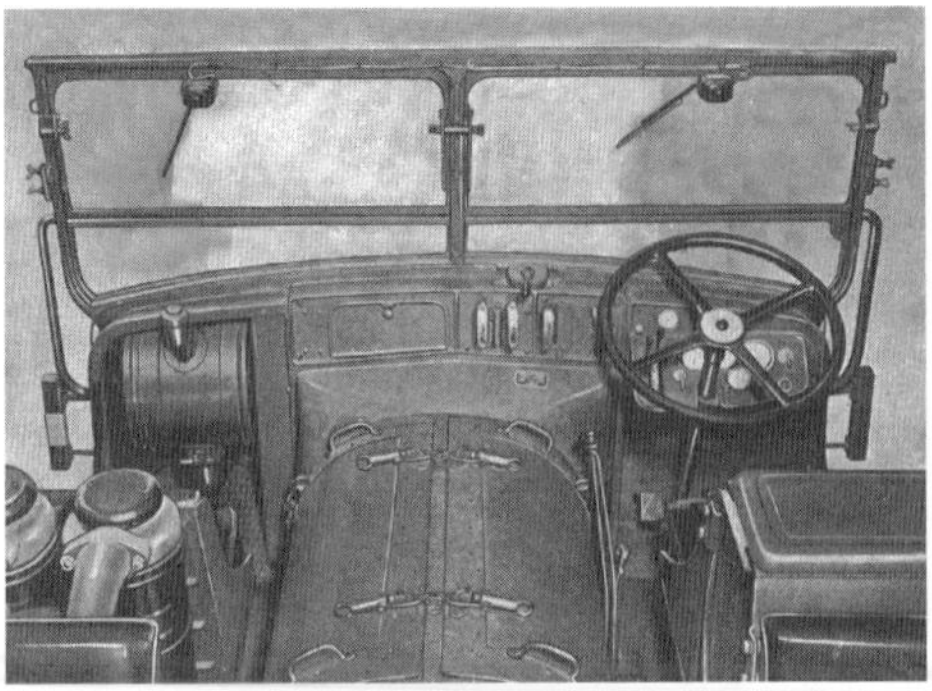

運転席はイタリア軍用車に多い右ハンドルで、助手席の間に105馬力エンジンが設置された。筆者も助手席に乗車した経験があるが、凄い騒音で運転手と話しも出来なかった

車体後部の予備タイヤを降ろして扉を開けた、予備砲弾ラック

ボンネットスタイルではなく、エンジンが運転席と助手席の間にカバーを掛けて大きく埋め込まれた独特な形状となり、全長が短く収まり取り回し易くなったが、車内の熱や騒音問題は残った。

■遅過ぎた量産と配備

対ロシア戦に向けてTM40型の配備が急がれたが、その量産はようやく1942年に始まり、12月の製造数は48輌で年内の配備は107輌に留まった。その内、一部は空軍と海軍にも納品され、空軍タイプは屋根付きの密閉キャビン式運転席が設けられていた。また牽引能力を活かして機甲部隊でM14／41型中戦車やセモ

1942年冬のロシア戦線、スノーチェーンを付けて吹雪の中を進むTM40型。オープントップでドアの無い車輌には苛酷な環境で、側面にも防風用に幌が掛けられている

ヴェンテ自走砲トレーラーの牽引車としても配備されている。1943年始めの3カ月で90輌製産を目指したが、9月にはイタリア休戦となり、生き残った多くがドイツ軍に接収され、国防軍や空軍で使用された。さらに北イタリアの枢軸R.S.I.側では引き続いてドイツ軍向けに製産が続けられ、1944年には少なくとも153輌が完成している。

また、1945年に入るとドイツ軍の深刻な車輌不足から、TM40型シャーシを流用して屋根付きの密閉式運転席と統制型木製荷台を搭載した軍用トラックがドイツ軍用として作られ、兵員や物資輸送用に充てられた。

配備時期が遅れたため、戦時中にその能力を発揮し切れなかったTM40型であったが、そのスタイルや設計の新しさは戦後に開発された改良型のTM48型牽引車にも引き継がれた。そして戦後も新生イタリア陸軍では、1949年頃まで使用されたのであった。

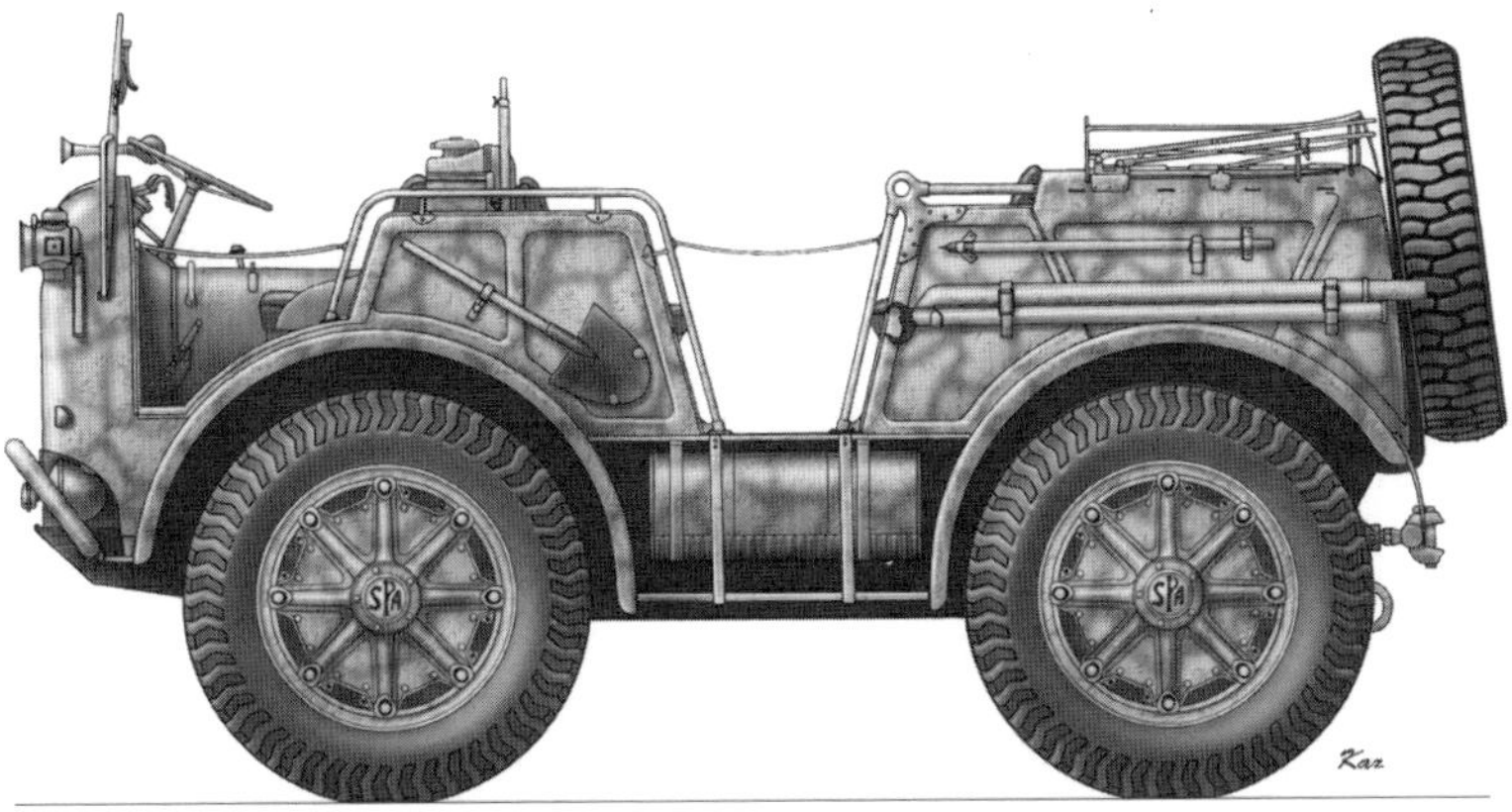

ダークイエローのベースにダークグリーンの網の目状迷彩を塗装されたTM40型砲牽引車。ホイールキャップにSPA社のマークが見える

【TM40型砲牽引車】

全長:4.68m、全幅:2.20m、全高:2.80m、重量:6,575kg、エンジン:フィアット366型6気筒9,365ccディーゼル（105馬力）、最高速度:43.35km/h、航続距離:300km、牽引能力:5トン、乗員:2名+兵員6名

兵器列伝5

リンチェ装甲車

■英国生まれの小型装甲車

1938年、イギリス陸軍は偵察や連絡用に適した小型装輪装甲車の開発を、国内のアルヴィス、モーリス、BSA（バーミンガム小火器製造所）の3社に依頼した。その時、BSA社が提出したプランは、オーストリアのシュタイアー社設計の小型4輪装甲車ADSKに影響を受けた2人乗りで、これが採用されてBSA傘下の英国ダイムラー社が生産を担当した。

1952年、朝鮮戦争に国連軍として参加したニュージーランド軍装備のダイムラー偵察車「ディンゴ」。後期生産型なので天井は無く、幌式になっている。無線手前に設置されたブレン軽機関銃に注目

この新型装甲車は「ディンゴ」（オーストラリアの野犬）の愛称で呼ばれたが、元々は競作で落ちたアルヴィス社の試作車輌に付けられた名称であった。

このダイムラー偵察車は、溶接製造で低いシルエットの車体に4輪駆動で4輪独立懸架、4輪操舵の足回りに流体

競作に勝ったBSA社案のアイデア元のひとつとされる、1937年オーストリア・シュタイアー社設計の小型装甲車ADSKの試作2号車（Nicola Pignato氏提供）

フライホイールの変速機やH型駆動系統など先進的な機構を装備した小型装甲車であった。またその55馬力2500ccガソリンエンジンは静粛性に優れており、隠密性を要求される偵察任務に打ってつけで、同車は路上で90㎞／h近くの高速性能を発揮した。

また装軌式のユニバーサルキャリアと同様に7・7㎜ブレン軽機関銃や13・9㎜ボーイズ対戦車ライフル、無線機なども搭載可能であった。前面装甲も最大で30㎜あり同クラスでは充分な防御性能であったが、床下は不整地走行用にフラットで装甲も薄く、地雷に対しては脆弱であった。

「ディンゴ」は、その優秀な性能によりMk.IからMk.Ⅲ型まで6600輌以上が生産され、さらにカナダのフォード社では3200輌以上が「リンクス」（オオヤマネコ：英語）の愛称でライセンス生産され、この動物名の装甲車は英連邦軍の軍馬として全戦線で活躍した。さらに、そのダイムラー偵察車のドッペルゲンガーとも言える車輌が、戦争後半にひっそりとイタリアで誕生したのであった。

■鹵獲車輌からのコピー

1941年中頃、北アフリカ・リビア戦線では多数のダイムラー偵察車がイタリア軍に鹵獲され、その内の幾つかはローマに輸送された。その際、陸軍司令部は1輌のMk.I型をトリノのランチア社にも送り、この小型偵察車の研究を命じたのであった。当時の伊陸軍は、機甲部隊の影の主力とも言えるL3／33、L3／35型豆戦車を騎兵部隊にも装備して偵察任務に就けていたが、履帯を回す装軌式のため装輪式の「ディンゴ」ほどの速力はなく、さらに騒音も大きく、同様な小型サイズでは装輪式でも不整地性能に大きな差は無かった。何よりも豆戦車と言えども装軌式は生産にコストも時間も掛かり、大量消費の戦場では割が合わなくなっていた。

ランチア社はこの高性能で安価な小型装甲車をコピーした車輌の試作を始め、同車は社内名称「269号」と呼ばれた。同時期、同社のフスカルディ技師は自社製「ロンボ」（轟音）の装甲車化を進めており、伊陸軍は両方の開発を見守った。しかしランチアの自社開発車が不成功に終わり、結局1943年2月に試作が完成した「269号」装甲車がカナダ軍と同様な「リンチェ」（オオヤマネコ：伊語）と名付けられて制式採用されたのであった。

イタリア休戦前、捕獲ダイムラー偵察車を元にランチア社が完成した試作装甲車。量産型と異なり、まだボールマウント式機銃座や正面収納箱が付いていない
（Nicola Pignato氏提供）

■高性能ながら遅れた量産

このダイムラー偵察車コピーの試作車輌は駆動系や走行装置、車体構造をそのまま引き継いだが、エンジンは自社製「アストゥーラ」車から流用した60馬力2600ccとやや大型になり、車体後部の機関室形状がオリジナルとは異なった。また英軍「ディンゴ」やカナダ軍「リンクス」は後期生産タイプは天井の無いオープントップ式に変更されたが、伊「リンチェ」は「ディンゴ」Mk.Ⅰ型と同様に天井を兼ねた開閉ハッチを取り付け、手榴弾や破片に対して有効な密閉式の戦闘室であった。そして車体右側面に予備タイヤが増設され、左右のライトは正面下に移動した。

同試作車はオリジナルとほぼ同様に路上で86km／hの高速を発揮し、航続距離はより長い350kmに達した。1943年3月、性能に満足した伊陸軍はランチア社に初期量産の300輌を発注。しかしイタリア工業界は電気溶接技術が未熟で溶接構造車体の生産に手間取り、同年9月のイタリア休戦まで本格的な生産は進まなかった。それでも北イタリアの枢軸側R.S.I.政権下の１９４４年から翌年に掛けてランチア社は１２２輌を、量産を引き受けたフィアット・アンサルド社は１２８輌を生産し、総生産数は２５０輌に到達したのであった。

試作車輌と異なり、生産型「リンチェ」は前部フェンダー左右に跨がる横長収納箱が取り付けられ、車体前部左側に防御カバー付き８㎜ブレダM38型車載機関銃１挺がボールマウント上に搭載され、車内に弾倉36個（弾薬１０８０発）が収納された。このブレダ機銃は上部に30連箱型弾倉を取り付けるため、上部ハッチに操作用に半円形バルジが設けられた。また5輌に１輌の割合でマレッリ製ＲＦ

亀甲迷彩に塗られた「リンチェ」装甲車量産型。ブレダM38型車載機関銃上の天井ハッチには、弾倉操作用に設けられた半円形バルジが見える（Daniele Guglielmi氏提供）

真上から見た「リンチェ」装甲車。後ろに跳ね上げる天井ハッチの構造や機関室上部のシンプルな形状が良く判る（Nicola Pignato氏提供）

1944年8月のフィレンツェで3人のインド兵捕虜を後ろに乗せて走る、ドイツ国防軍所属の「リンチェ」装甲車（Daniele Guglielmi氏提供）

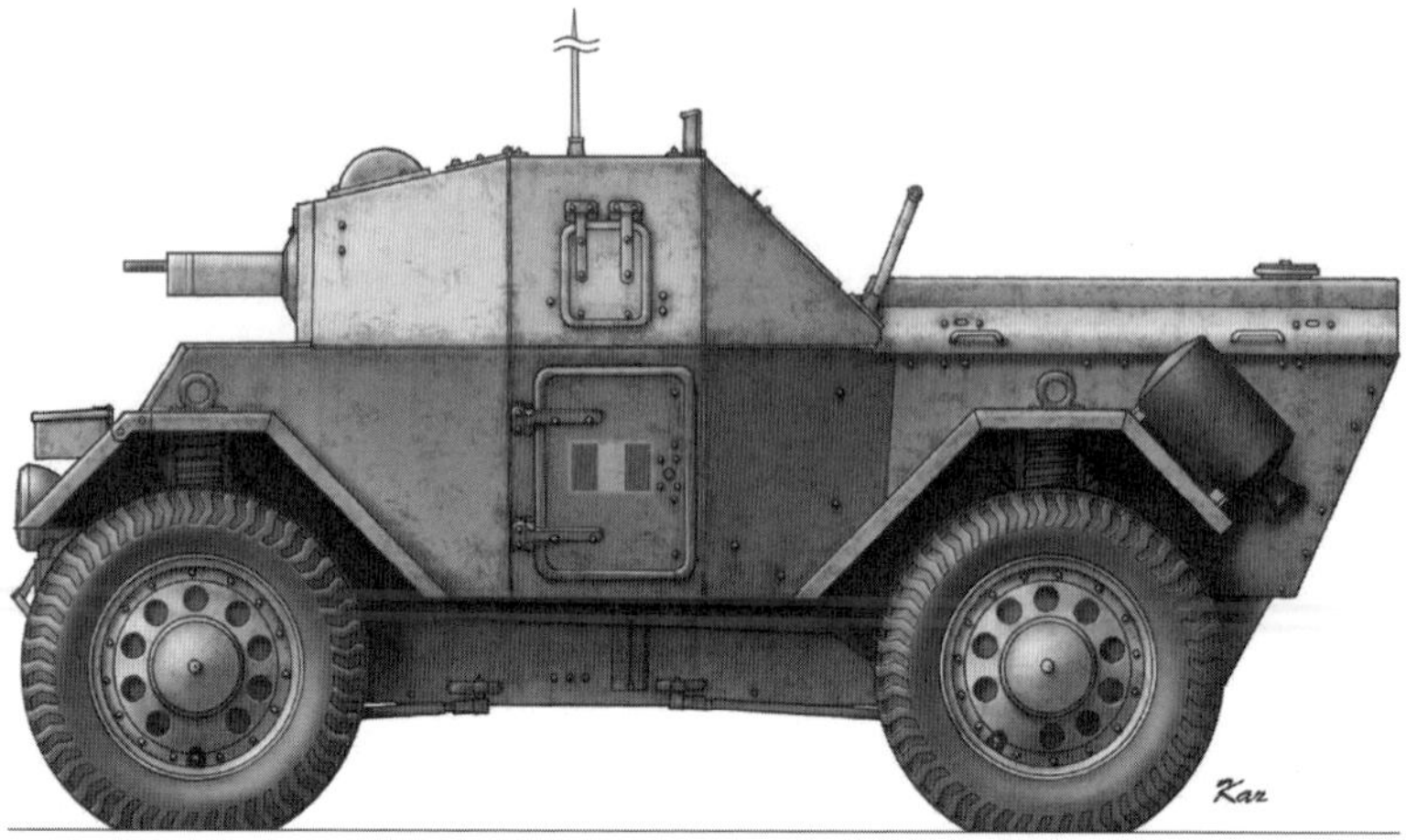

1944年夏のミラノ、ダークイエロー単色に塗られ、側面下ハッチにサヴォイア王冠を取り除いたイタリア三色国旗が描かれたR.S.I.軍G.N.R.治安部隊所属の「リンチェ」装甲車

【リンチェ装甲車】

全長:3.24m、全幅:1.75m、全高:1.65m、全備重量:3,140kg、エンジン:ランチア91型V型8気筒2,617ccガソリン（60馬力）、最高速度:86km/h、航続距離:350km、武装:8mmブレダM38車載機関銃×1、装甲厚:車体前面30～18mm/側面12mm/上面5mm/底面4mm、乗員:2名

2CA型無線機が搭載されている。

このイタリア製ダイムラー偵察車はR.S.I.軍で使用され、対パルチザン戦にも従事している。また同車の性能を高く評価したドイツ軍もPz.Sp.Wg.Lince 202(i)として登録して国防軍装甲偵察中隊に9輌ずつ配備、またバルカン半島では輸送車列の護衛任務にも従事した。そして生き残りの「リンチェ」は、戦後もイタリア警察やカラビニエリ（軍警察）、陸軍の第6装甲騎兵連隊『アオスタ槍騎兵』などでも使用されたのであった。

兵器列伝6 AS43型偵察車

■砂漠用の偵察車や兵員装甲車の開発

後部から見たAS37型サハラ用トラック。ドア付きの操縦席キャビンや後部に延長した荷台、キャビン屋根まで続く幌用フレームなどに注目

砂漠用の物資／兵員輸送車として、SPA社のTL37型ガントラクターから改良されて1938年に採用されたAS（Autocarro Sahariano：サハラ用トラック）37型は、生産が始まると順次リビアに送られた。そして1個中隊にAS37型22輌を配備した「サハラ機械化中隊」が創設され、イタリア参戦後の1941年3月には壊滅した『マレッティ』戦闘団に代わり、4個サハラ機械化中隊が編成されて広大な砂漠の輸送任務に活躍している。

また1942年夏にはリビアのホン工廠でAS37型をベースに長距離偵察車への改造が行われ、8㎜ブレダM37型重機関銃や20㎜ブレダM35型機関砲または47㎜M35型対戦車砲が搭載可能な改造車が作られた。これはイギリス軍の長距離偵察部隊（LRDG）に対抗したもので、最大900㎞の航続距離を活かして、翌年5月のチュニジア戦の終結とイタリア・ドイツ枢

TL37型ガントラクターを改造して後部にM1911型27口径75㎜野砲をそのまま搭載した、即席の自走砲（セモベンテ）の一種であった「サハラ砲」(Nicola Pignato氏提供)

1943年冬、ユーゴ戦線でS37型装甲兵員輸送車と共に写る操縦手と8名の歩兵。側面には起倒式の装甲板が1枚見えるが、各側面には3枚ずつ装備されて下の穴が覗き窓兼銃眼となった（Daniele Guglielmi氏提供）

軸アフリカ軍団27万5000名の降伏まで使われている。

さらにＡＳ37型改造とは別に、ＴＬ37型の後部座席を廃してＭ1911型27口径75㎜野砲を無改造で搭載した即席の自走砲タイプも作られ、機動力のある「サハラ砲」として1942年3月から北アフリカの機械化砲兵部隊や『ファシスト青年』機甲師団第136砲兵連隊で重用されたのであった。

またＴＬ37型の一部は、Ｓ37型装甲兵員輸送車（操縦手＋歩兵8名乗り）にも改造されている。当初の計画では、12輌にＲＦ３Ｍ型長距離無線機を装備して機甲師団に、8輌が戦略司令部に、30輌がベルサリエリ大隊に、12輌が対戦車大隊に、24輌が砲兵連隊に、10輌が工兵大隊に、そして6輌が偵察部隊に配属される予定であった。しかし、登場が遅かったために北アフリカ戦線ではなく、バルカン半島での占領政策や対パルチザン戦に動員されている。

Ｓ37型は第31戦車連隊をはじめ、スロベニアやクロアチアに駐留した第153歩兵師団『マチェラータ』所属の第955装甲車隊および第1118混成自動車隊や第13歩兵師団『レ（国王）』所属の第2歩兵連隊、第5自動車群（トレント）所属の第259独立装甲車隊や第11重自動車群（アルバニア）所属の第1034装甲車群、第6ベルサリエリ連隊所属の第7大隊などに配備され、主に対チトーパルチザン戦に従事したのであった。

1943年9月のイタリア休戦後、S37型の内37輌がドイツ軍に鹵獲され、gep.M.Trsp.Wg.S37 250(i)として、ユーゴスラヴィア戦線に展開していた対パルチザン戦に従事して第7SS義勇山岳猟兵師団『プリンツ・オイゲン』などに配備された。

またS37型装甲兵員輸送車をベースにして、オープントップの砲塔に20㎜機関砲と8㎜車載機関銃を搭載した試作装甲車が、1輌だけ製造されて北アフリカで実用試験を受けた。だが、1941年11月のイギリス軍による反攻作戦〝クルセイダー〟時にシデイ・レゼグの戦闘後にビル・エル・ゴビで敵の砲火で失われてしまい、その後も量産される事はなかった。しかしこのAB41型より小型の4輪装甲車は、後にAS37型をベースに開発されるAS43型偵察車の装甲車化に繋がるのであった。

■進化した偵察車と装甲車

1942年夏、SPA社とヴィベルティ社で共同開発が始まったAS43型偵察車は、AS37型を改良したもので、20㎜ブレダM35型機関砲またはイソッタ・フラスキーニM41型機関砲や32口径47㎜対戦車砲の搭載も可能で、先に開発された長距離偵察車AS42型「サハリアーナ」とペアとなって同車輌を補助する目的も兼ねていた。しかし配備が始まった1943年6月には北アフリカでの戦闘は終結しており、当初の開発目的は果たせなくなっていた。

それでも1943年夏からは20㎜機関砲を搭載したタイプが第1歩兵戦車連隊（ヴェルチェリ）や第4歩兵戦車連隊（ローマ）の第2中隊、第33歩兵戦車連隊（パルマ）の第3中隊などに配備されて

1944年5月、パレードでトリノの中心部を走る装甲集団『レオネッサ』所属のAS43型改造装甲車。フェンダー上には8mmブレダM37型重機関銃の銃架やG.N.R.軍のマークが見える。また別写真ではナンバー「GNR438」が確認できる

いる。1943年8月の編制においては、戦車連隊所属の各中隊は無線機装備のAS43型2輛を配備した司令部小隊とAS43型各4輛を配備した2個小隊から成り、その兵員の内訳は将校2名と下士官1名、兵33名、操縦手7名で、他に軽トラック1輛とSPAトラック2輛、サイドカー1台とオートバイ4台が配備されていた。

ヴィベルティ社の工場で記録用に撮影されたAS43型装甲車。20mm機関砲は未装備だが、車体には既に雲型3色迷彩が描かれている（Daniele Guglielmi氏提供）

そして1943年8月には、20mm機関砲装備の車輛が第10突撃兵連隊所属の第1大隊第122中隊や第2大隊第113中隊に配備された。しかし間もなく9月にはイタリアの休戦となり、ほとんどの車輛は実戦を経ずにドイツ軍に鹵獲・接収され、ドイツ製の2cmFlak30および38機関砲や7・92mm口径の地上戦型MG15航空機関銃を搭載して、主にドイツ空軍地上部隊に配備されてイタリアやユーゴ戦線などで使用されている。

また枢軸側のイタリア社会共和国（R.S.I.）でも一部が使用されており、トリノ工廠で周囲を装甲板で囲み、8mmブレダM37型重機関銃のボールマウントを前後に取り付けた8名乗りの改造装甲車が1輛、共和国防衛軍（G.N.R.）所属の〝M〟装甲集団『レオネッサ』のパレードで確認できる。

そしてＡＳ43型をベースにＬ６／40型軽戦車の砲塔を搭載した乗員３名の装甲車も少数生産され、装甲集団『レオネッサ』の第１および第２中隊に各１輌が配備されてその内の１輌のナンバーは「ＧＮＲ０１５１」であった。しかしドイツ軍で使用されず、生産数は10輌以内であったと推測される。そして同装甲車は終戦まで治安維持戦闘に従事して、その内の１輌は終戦間際の１９４５年４月にバルテリーナ山岳地帯に送られ、27日から翌日に掛けてのティラーノでの戦闘でパルチザンに鹵獲されたのであった。

また通常のＡＳ43型は１９４６年１月まで生産が続き、一部は戦後のイタリア警察機動隊でも使用されている。ＡＳ43型は優れた不整地走破性能と長距離走行性能を兼ね備えた偵察車兼兵器キャリアであったが、その登場が遅かったために充分な性能を発揮できずに終わったと言える。

【AS43 型装甲車】

全長:5.0m、全幅:1.9m、全高:2.5m、重量:約6トン、エンジン:SPA 18VT型ガソリン（67馬力)、最高速度:50km/h（路面)、航続距離:700km、武装:65口径20mmブレダM35型機関砲×1および8mmブレダM38型車載機関銃×1、装甲厚:8.5mm、乗員:3名

1944年後半、G.N.R.軍“M”装甲集団『レオネッサ』所属のAS43型装甲車。車体にはサンドイエローのベースにダークブラウンとダークグリーンの雲型3色迷彩が、砲塔には同部隊の赤い“M”に黒いファシス（斧）とG.N.R.のマークが描かれている

兵器列伝7 L40da47/32セモヴェンテ

1942年夏、ロシア戦線の平原を進む第67ベルサリエリ大隊所属のL6/40型軽戦車。試作車では砲塔に26口径37mm砲を搭載したが、量産車では65口径20mmブレダM35型機関砲が装備された

■軽戦車からの誕生

イタリアは自走砲の有効性を早くから認識しており、第一次大戦中には35口径102mm砲をSPA9000トラックに積んだ自走砲車が制式採用されている。そして野砲搭載車輌は装輪式、装軌式に関わらず〝セモヴェンテ（自走砲）〟と呼ばれ、新しい兵器のカテゴリーとなった。第二次大戦に入り、装軌式で野砲と対戦車砲の役割を兼ねた自走砲の開発が新たに始まるが、これは緒戦で大きな戦果を挙げたドイツ突撃砲の影響を受けたものであった。そしてM13/40型中戦車の車体に短砲身18口径75mm砲を搭載したM40 75/18型自走砲が1941年2月に完成、北アフリカ戦線に投入されて、連合軍戦車に対抗できる数少ない兵器として対戦車戦闘に活躍したのであった。

同じ頃、対戦車兵器が常に不足していたイタリア軍は、より小型で機動力のある歩兵用の近接支援としての自走砲の開発を始めていた。これはフィアット・アンサルド社が開発中のL6/40型軽戦車をベースにしたもので、イタリア軍で広く使われていた32口径47㎜歩兵／対戦車砲を搭載する予定であった。

この6トン級のL6型は、3トン級のL3型（CV33、35型）豆戦車を大型化して20㎜機関砲装備の砲塔を搭載した2人乗りの軽戦車で、転輪2個が付いた2組のボギーを円弧状のアームで支えるトーションバー式サスペンション等の新機軸を採用していた。また68馬力液冷直列4気筒のフィアットSPA 18Dガソリンエンジンを搭載し、路上で最高時速42㎞／h、不整地で25㎞／hというL3型譲りの快速性能を有していたが、1939年に始まった試作開発に手間取り、2年後にようやく量産が始まった。しかし配備の遅れからL6型が戦場に現れた頃には、偵察用軽戦車としても武装や防御力の面で既に旧式化しており、その生産は1942年末に283輌で終わっている。その代わりに1940年頃から、先に述べたL6型をベースとしたL40型自走砲の開発がフィアット・アンサルド社で始まった。

当時の整備マニュアルに掲載された、L40 47/32型セモヴェンテの試作車輌写真。スリットが入った操縦席正面バイザーは、後にクラッペ付きになった。また右側面ハッチも最終生産型とドイツ型では省略されている

■小型でも役立つ新兵器

この新型自走砲に搭載した32口径47㎜M35型歩兵砲は、オーストリアのベーラー社が1920年代に開発した47㎜平射歩兵砲をブレダ社がライセンス生産したもので、初速630m／秒で発射された

後方上から見たL40型の戦闘室。右側に操縦席が、左側に47㎜砲の尾部とその右に望遠眼鏡が、その下に上下調整ハンドルが見える。左側面内側に見えるハンドルは、左右調整用

1943年7月、シチリア島に展開した無線機搭載の小隊指揮車輌。後方には2本のアンテナが見え、木製のダミー砲は内側からM38型車載機関銃が発射可能であった

M35型徹甲弾は、距離100mで58㎜、500mで43㎜の装甲貫通能力があり、戦前なら大抵の敵戦車は撃破可能であった。イタリア軍は1937年にはM35型歩兵砲を積んだ小型自走砲の研究を始めており、欧州での戦争が始まった1カ月後の1939年10月に正式に開発決定した。

そして開発途中の1940年3月には、この新型自走砲はL40 47/32型として300輌発注されている。しかし前述の通りベースのL6型軽戦車の開発が遅れ、L40型自走砲の試作完成も1941年5月まで待たなければならなかった。

この2名ないし3名乗りの小型自走砲は、最大で正面30㎜、側面／後面15㎜の装甲板に囲まれたオープントップの戦闘室を備え、L6型と同様に右側に操縦席と側面ハッチ（後に廃止）が、左側に47㎜砲と車長兼砲手席が設置され、屋根代わりに幌が装備された。砲手は左手で装填しながら砲右側の望遠眼鏡で照準を行ない、砲は左右27度、仰角20度、俯角12度の操作が可能であった。砲弾数は合計70発で操縦手側に33発、砲手側に37発のコンテナが設けられた。

エンジンや足周りはL6型と同様だが最高速度が若干向上しており、路上で42・3km／h、不整地で25・5km／hとなった。通常は戦闘室に無線を装備していないが、小隊指揮車輛として少数にマネッティ・マレッリ製RF 1 CA型無線機が搭載された。また一部指揮車輛は無線機を2台備え、主砲が外され木製のモックアップ砲身が取り付けられている。このダミー砲搭載のボールマウントは可動し、パイプの中から8mmブレダM38型車載機関銃が発射可能であった。

1941年後半から月産約30輛のスピードで始まったL40型自走砲の配備は翌年1月から始まり、第132機甲師団『アリエテ』や第133機甲師団『リットリオ』を皮切りに、1943年9月のイタリア休戦までに約320輛が配備された。47mm砲の威力では連合軍の主力戦車には苦戦が予想されたが、北アフリカやロシア、シチリア戦線で敢闘し、バルカン半島の対パルチザン戦にも投入され、小型ながら軽戦車や装甲車、ソフトスキン車輛を主な相手にヒットエンドラン攻撃で戦果を挙げている。

そして休戦後には78輛がドイツ軍に接収され、StuG L6 mit 47/32 630(i)の名称が与えられてドイツ国防軍や空軍地上部隊に配備され、中には47mm砲を降ろして弾薬

1943年始め、砂漠のチュニジア戦線で警備に就くL40型自走砲。待ち伏せ攻撃に備えてか、車体前後を樹木の枝で入念に偽装している

1944年、クロアチア陸軍に使用されるドイツ型。手すりの無くなった四角い戦闘室側面の形状に注目

1943年7月、シチリア島に駐留した第230自走砲部隊所属のL40 47/32型自走砲。側面に白い髑髏マークが描かれた黒い三角旗の部隊章が見える

【L40 47/32 自走砲】

全長:3.82m、全幅:1.92m、全高:1.63m、重量:6.83トン、懸架方式:トーションバー式、エンジン:フィアットSPA社 18Dガソリンエンジン（68馬力／2500回転秒）、最高速度:42.3km/h（路面）、15.5km/h（不整地）、航続距離:200km、武装:32口径47mm砲×1（加えて8mmブレダM38型車載機関銃×1を装備する場合あり）、装甲厚:車体前面30mm、車体側面/後面15mm、乗員:2名～3名

運搬車や砲牽引トラクターとしても使用されたものもあった。

さらに北イタリアのR.S.I.側では休戦後も引き続き生産が行なわれ、1943年に52輌が、1944年に22輌が新たにイタリア戦線のドイツ軍やR.S.I.軍に配備された。

またこの1944年に生産された車体の中には、ドイツ型と呼ばれた最終生産タイプも含まれた。これは戦闘室の形状が少しシンプルで側面中央部から後部にかけての斜めカットが無くなった四角い形状となり、右側面ハッチが廃止されて無線機およびアンテナと防盾付き8mmブレダM38型車載機関銃が標準装備され、装弾数も73発に増加した。このドイツ型は一部がクロアチア陸軍やスロヴェニア国家防衛隊にも売却され使用されている。

兵器列伝8

M16／43型サハリアーノ快速中戦車

模倣から始まった開発

木製モックアップの傾斜装甲の車体と砲塔を搭載した、初期に試作された快速中戦車。懸架装置は、従来のリーフスプリング式サスペンションと転輪ボギーを組み合わせた方式であった（Daniele Guglielmi氏提供）

M13／40型から始まりM15／42型で完成したイタリア中戦車であったが、その他の試作戦車としてはM16／43型快速（Celere）中戦車が挙げられる。北アフリカ・リビアでの戦いが始まった1940年末に、遠距離から攻撃可能な武装を持つ高速の新型中戦車の開発がイタリアでも始まり、陸軍はイギリス軍の巡航（クルーザー）戦車Mk.ⅡおよびMk.Ⅲ型を参考にした快速戦車の開発を、フィアット・アンサルド社に依頼した。

この巡航戦車とは、イギリス軍が第二次大戦前に構想していた、戦車を歩兵直協を目的とした歩兵戦車と、機動力による前線突破と追撃戦を目的とした巡航戦車に二分して配備と運用するという概念を具体化したもので、厚い装甲と超壕能力を備えた歩兵戦車より装甲は薄いものの、軽量で高速性が求められた。そして1936年に最初の巡航戦車Mk.Ⅰ型が完成している。

巡航戦車Mk.Ⅳ型“クルセイダー”（十字軍）の最終タイプとなったMk.Ⅲ型。6ポンド砲（57㎜）を改良したL/43戦車砲を搭載して前面装甲も51㎜に強化されたが、乗員は4名から3名に減らされた

後に「サハリアーノ」（サハラの（戦車））と名付けられた試作戦車は、このイギリス軍の巡航戦車の影響を受けて、1941年6月には開発中のM14／41型中戦車のシャーシに傾斜装甲の車体と低いシルエットの砲塔が、検討用の木製モックアップで作られて搭載されている。丁度その頃、イタリア陸軍はリビア・トブルクでの「バトルアクス作戦」で遭遇したイギリス軍の新型巡航戦車Mk.Ⅵ型「クルセイダー」に衝撃を受け、これが試作中の快速戦車に大きな影響を与える事となった。

この乗員4名のMk.Ⅵ型は、低いシルエットの砲塔を有した低車高で、先のMk.Ⅲ型やMk.Ⅴ型〝カヴェナンター〟と同様にクリスティー式サスペンションを採用していた。この特殊な足回りはアメリカのジョン・クリスティー技師が1920年代後半に発明した懸架装置で、大型の転輪と車体側面に設けられた独立懸架のコイルスプリングが特徴であった。同懸架装置はボギー式と比べて不整地での機動性に優れたが、その最大の特徴は履帯を外しても起動輪からのチェーン駆動で転輪を回して装輪装甲車として使用出来る点で、この両用走行方式はイギリスの巡航戦車には採用されなかったが、ソビエト製BT戦車シリーズに採用されており、フィンランドで鹵獲後に改造されたBT‐42型突撃砲にも見られる。

そしてイタリア軍にとっても同サスペンションは、スペイン市民戦争でイタリア義勇軍が戦ったソビエト製ＢＴ‐５型戦車にも装備されていた馴染みのある懸架装置であった。早速、鹵獲されたMk.Ⅵ型巡航戦車が研究され、足回りから設計を一新した車輌が新たに作られたのであった。

砂漠の快速戦車誕生へ

１９４２年春に完成した乗員４名の試作戦車は、「クルセイダー」巡航戦車を思わせる傾斜装甲で低いシルエットの車体に、４個の大型転輪と新方式の懸架装置を装備した。

この試作車では純粋なクリスティー式ではなく、トーションバー式も組み合わせたイタリアで改良されたタイプで、ＢＴ戦車の様に転輪だけの走行は出来なかったが、リーフスプリング式サスペンションと転輪ボギーを組み合わせた方式に比べて不整地での高速走行が可能で、新型のフィアットＳＰＡ２２８型水冷Ｖ型８気筒ガソリンエンジン（最大２７５馬力）との組み合わせで最高速度は路上で60km／h以上を、路外でも45km／hを記録し、快速戦車として目標に充分な性能を示した。機関室もM13／40型中戦車系とは異なり、攻撃に弱い上面吸気グリルは廃止され、排気管や消音器は上面後部にまとめたスッキリとした洗練された設計となった。

しかしイギリス巡航戦車と同様に、走行性能を重視して車体の軽量化を目指したために傾斜装甲でも車体および砲塔前面で30㎜、側面で25㎜しかなく、当時の中戦車としては防御力に関しては疑問が残る。また、車体や砲塔の製造は、リベットやボルト留めのイタリア戦車に共通した旧式な構造であった。それでも低姿勢なシルエットのお陰で、見通しの良い砂漠の戦車戦でも被発見性や砲弾の命中面積の低減には有効だったと思われる。

砲塔はM14／41型中戦車を改造して延長され、長砲身となった40口径47㎜L40型戦車砲と8㎜ブレダM38型車載機関銃が搭載されたが、目指していたもうひとつの目標である重武装には程遠かった。そこで「サハリアーノ」量産車では、フィアット・アンサルド社で試作中のP26型重戦車（後のP40型重戦車）と同じ長砲身の43口径75㎜戦車砲の搭載が検討されたが、狭い砲塔内での操作は厳しいと予想され、その有効性に疑問が残る。ちなみに試作車に搭載した長砲身のL／40 47／40型戦車砲は、後に同社製のM15／42型中戦車に装備されている。

完成後にフィアット・アンサルド社工場で撮影されたM16/43型快速中戦車“サハリアーノ”。イギリス軍の巡航戦車を思わせる低いシルエットと大型転輪が特徴的であった（Daniele Guglielmi氏提供）

上面から見た同試作戦車。排気管や消音器などが後部上面にまとめられ、スッキリしたデザインとなった機関に注目。また砲塔上部や操縦席前のペリスコープや照準器類は未装着で、穴が空いたままである（Daniele Guglielmi氏提供）

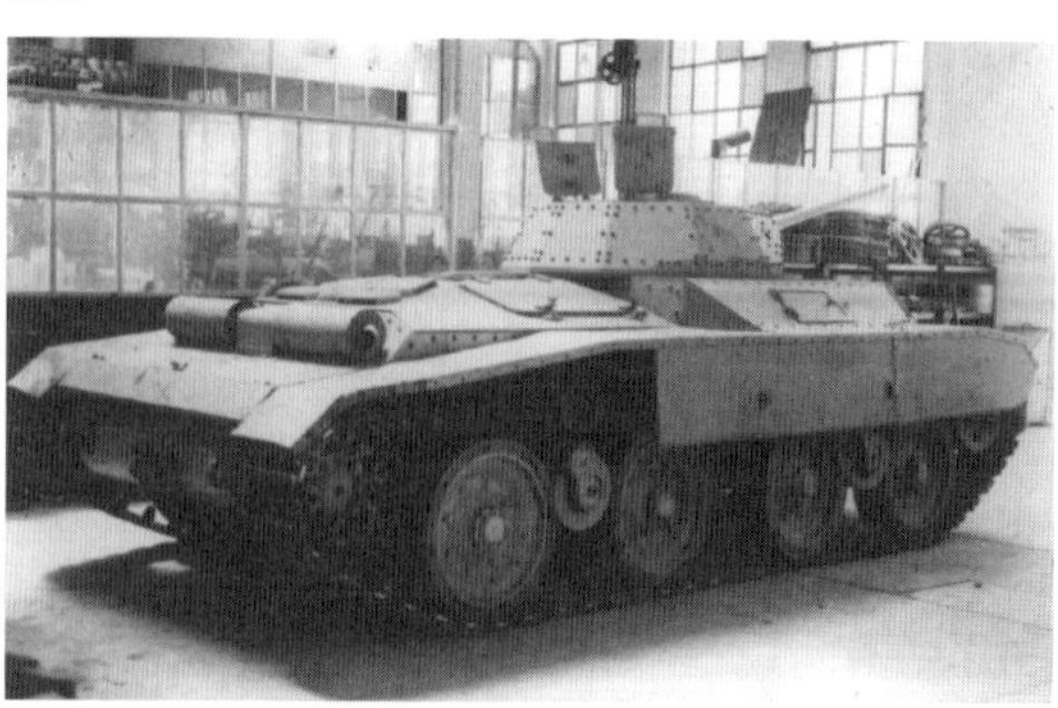

右後方から見た同試作戦車。右側面サイドスカートの一部が外れて、その内側が見えている。また、ギリギリまで低姿勢に絞った戦闘室や機関室の形状が良く判る（Nicola Pignato氏提供）

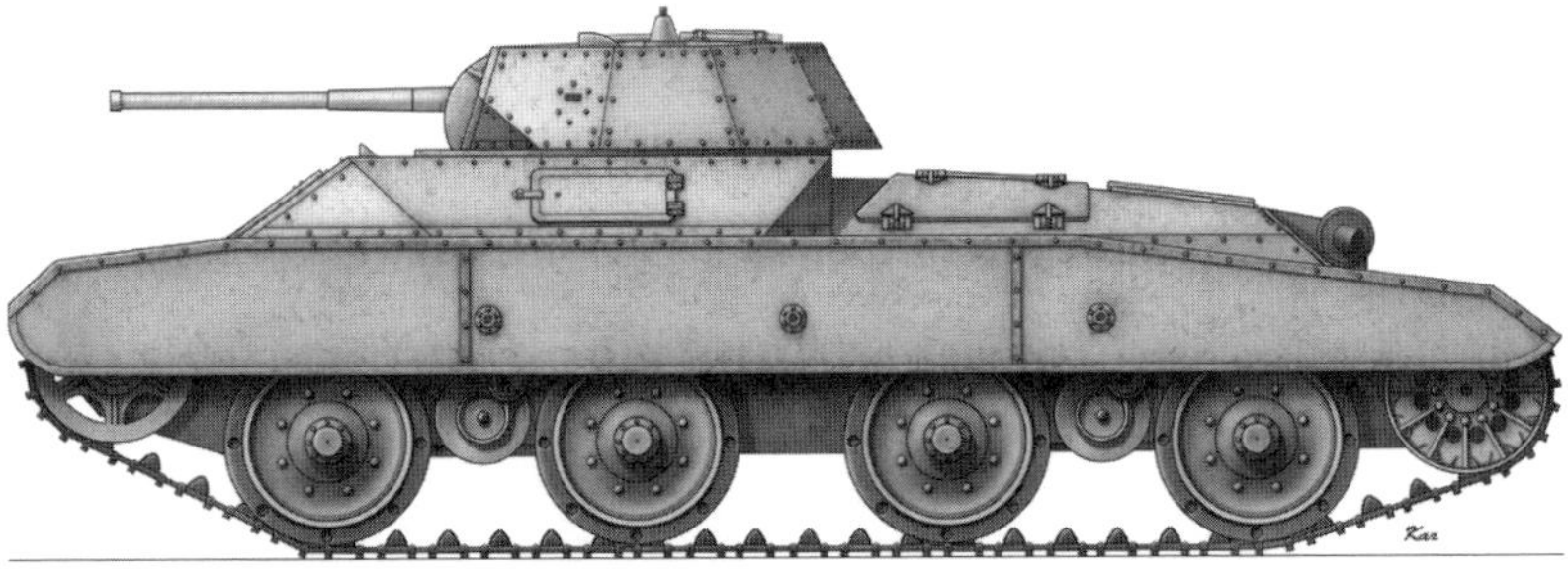

【M16/43型サハリアーノ快速中戦車】

全長:5.80m、全幅:2.80m、全高:2.0m、重量:15トン、エンジン:フィアットSPA228型水冷V型8気筒ガソリンエンジン（最大275馬力）、最高速度:60㎞/h以上（路面）／45㎞/h（路外）、航続距離:300㎞、武装:47㎜L/40 47/40型戦車砲／8㎜ブレダM38型車載機関銃×2、装甲厚:15〜30㎜、乗員:4名

1942年春に完成したM16/43型快速中戦車“サハリアーノ”。試作で終わったため、車体はサンドイエローの単色で塗られていた。イラストでは、記録写真には無かったペリスコープや照準器を操縦席前や砲塔上に装備している

こうして完成し、M16／43型M（中型）快速戦車として制式化された「サハリアーノ」であったが、その頃のイタリアはM14／41型中戦車の製造で一杯で、全く系統が違う中戦車の生産ラインを設けて量産する余裕が無くなっていた。さらにフィアット・アンサルド社内では前述のP40型重戦車の開発も同時に進められており、そのためチェコスロバキアのシュコダ社製T-21（S-Ⅱc）型中戦車の輸入も候補に挙げられている。そして1943年5月に北アフリカのチュニジアでイタリア・ドイツ枢軸軍は降伏してしまい、砂漠の海での戦車戦の機会が失われた事により、結局このイタリア版巡航戦車の量産化は中止されたのであった。

EDIZIONI刊)、「REPARTI BERSAGLIERI NELLA R.S.I.」(Carlo Cucut、Paolo Crippa著 ／Luca Cristini Editore刊)、「DISTINTIVI E MEDAGLIE DELLA R.S.I.Vol.1-2」(Fausto Sparacino著／EDITORE MILITARE ITALIANA刊)、「I REPARTI PANZER NELL'OPERATIONSZONE ADRIATISCHES K・TENLAND〔OZAK〕1943-1945」(Stefano Di Giusto著／EDIZIONI DELLA LAGUNA刊)、「GLOBOCNIK'S MEN IN ITALY,1943-45」(Stefano Di Giusto、Tomasso Chiussi著／Schiffer Military History刊)、「Resistance Warfare 1940-45」(Carlos Caballero Jurando著／OSPREY刊)、「R.S.I. uniformi,distintivi,equipaggiamento e armi 1943-1945」(Guido Rosignoli著／ERMANNO ALBERITELLI EDITORE刊)、LEGIONE AUTONOMA MOBILE ETTORE MUTI」(Carlo Rivolta著／NovAntico Editorice刊)、「...COME IL DIAMANTE」(Sergio Corbatti、Marco Nava著／Laran Editions刊)、「Le forze armate della RSI 1943-1945 Forze di terra」(Carlo Cucut著 ／G.M.T.刊)、「1o BATTAGLIONE D'ASSALTO "FORLI'"」(Adelago Federighi著 ／L'ULTIMA CROCIATA EDITORE刊)、「GLI ULTIMI IN GRIGIO VERDE Vol.1-3」(Giorgio Pisano著／EDIZIONE F.P.E. MILANO刊)、「S.79 SPARVIERO 1934-1947」(Luigiano Caliaro著／CLASSIC刊)、MARCHETTI S.79 SPARVIERO BOMBER UNITS」(Marco Mattioli著／OSPREY刊)、「I PARACADUTISTI」(Nino Arena著／ERAMANO ALBERTELLI EDITORE刊)、「I Paracadutisti Italiani 1937／45」(Giuseppe Lundari著 ／EDITORICE MILITARE ITALIANA刊)、「ITALIAN AIRBORNE INSIGNIA」(Harry Pugh、Vittorio Piotti著／C&D Enterprises刊)、「Le Macchine e la Storia: Profili No.14-15 - CANT.Z.506 "Airone" CANT.Z.1007 "Alcione" 」(Italo De Macchi著／S.T.E.M.-Mucchi刊)、「ALL D'ITALIA No.5 - C.R.D.A. Cant Z506」(Decio Zorini著／La Bancarella Aeronautica刊)、「Aeri d'Italia」(Giorgio Bignozzi著／Edizioni E.C.A.2000刊)、「Dimensione Cielo, Aerei Italiani nella 2a Guerra Mondiale Vol.2, Caccia-Assalto Vol.2」(Emilio Brotzu・Gherardo Cosolo著／ERMANNO ALBERTELLI EDITORE刊)、「Italian Civil and Military Aircraft」(Jonathan Thompson著／Aero Publishers Inc.刊)、「ALI SULLA STEPPA 」(Nicola Malizia著／IBN Editore刊)、「Macchi C.200 SAETTA」(Jose' Fernandez著／MMP刊)、「Macchi C.202 FOLGORE」(Przemyslaw Skulski著 ／MMP刊)、「FIAT G.55 Centauro」(Maurizio Di Terlizzi著／IBN Editore刊)、「L'AERONAUTICA NAZIONALE REPUBBLICANA」(Nino Arena著／ERMANNO ALBERITELLI EDITORE刊)、「Camouflage and Markings of the ANR 1943-1945」(Ferdinando D'Amico、Gabriele Valentini著 ／Classic Publications刊)、「AIR WAR ITALY 1944-45」(Nick Beale、Ferdinando D'Amico、Gabriele Valentini著／Airlife刊)、「SOMMERGIBILI IN GUERRA」(Emilio Bagnasco、Achille Rastelli著 ／Albertelli刊)、「LES SOUS-MARINES ITALIENS EN FRANCE」(Jean-Pierre Gillet著／Coolection NAVIRES & HISTORIE刊)

資料協力：平基志、野原茂、Nino Arena、Luca Balducci、Bruno Benvenuti、Daniele Guglielmi、Paolo Marzetti、Franco Mesturini、Carlo A Panzarasa、Nicola Pignato（五十音順／アルファベット順、敬称略）

参考文献一覧

「写真週報」第7号、第11号（内閣情報部 刊）、「写真特報：伊国使節団春の伊勢路へ」（大阪毎日 刊）、「日本軍用機辞典【陸軍編】1910〜1945」（野原茂 著／イカロス出版 刊）、「中国的天空（上）」（中山雅洋著／大日本絵画 刊）、「日本陸軍航空武器」（佐山二郎著／潮書房光人新社 刊）、「月刊アーマーモデリング」2023年2月号&3月号（大日本絵画 刊）、「第二次大戦のイタリア空軍エース」（ジョバンニ・マッシメッロ、ジョルジョ・アポストロ著／柄沢 英一郎 翻訳／大日本絵画 刊）、「潜水艦戦争」（レオンス・ペイヤール著、長塚隆二訳／ハヤカワ文庫NF）

「I CARRI ARMATI DEL REGIO ESERCITO volume primo」（Bruno Benvenuti著 ／EDIZIONI BIZZARRI刊 ）、「IL CARRO VELOCE ANSALDO」（Nicola Pignato著 ／STPRIA MILITARE 刊 ）、「CARRO L3」（Andrea Tallio、Antonio Tallio、Daniele Guglielmi著 ／G.M.T.刊 ）、「ITALIAN LIGHT TANKS 1919-45」（Filippo Cappellano、Pier P.Battistelli著 ／OSPLEY刊 ）、「GLI IMPRESSIONI DI MANCIU-CUO」（満州国外務省刊）、「Diplomatico tra due guerre」（Giovani Tassani著 ／Le Lettere刊 ）、「Italian Aces of World War 1」（Paolo Variable著 ／OSPREY PUBLISHING刊）、「Naval Aces of World War 1-Part 2」（Jon Guttman著／OSPREY PUBLISHING刊）、「Nieuport Aces of World War 1」（Norman Franks著／OSPREY PUBLISHING刊）、「Storia del fascismo」（Giampiero Carocci著／Newton Compton刊）、「Camicia Nera」（Silvio Bertoldi著／Rizzoli刊）、「Facist Eagle; Italy's Air Marshal Italo Balbo」（Blaine Taylori著／Pictorial Histories刊）、「L'aviazione italiana 1940-45」（Mirco Molenti著／Odoya刊）、「I reparti dell'Aeronautica」（Ufficio Storico Stato Maggiore dell'Aeronautica編纂／Roma刊）、「Regia Aeronautica」（Chris Dunning著／Ian Allan Publishing刊）、「Fiat CR.32 Aces of the Spanish Civil War」（Alfredo Logoluso著／OSPREY刊）、「Regia Aeronautica」（Chris Dunning著／Ian Allan Publishing刊）、「NEI CIELI DI GUERRA」（Gregory Aligi、Baldassare Catalanotto著／Giorgio Apostro刊）、「I DIAVOLI BIANCHI 1940-1943」（Luciano Viazzi著／MURSIA刊）、「ALPINI」（Guido Rosignoli著／ERMANNO ALBERTELLI刊）、「UNIFORMI & ARMI」 誌163号（ERMANNO ALBERTELLI刊 ）、「CARRI ARMATI NEL DESERTO」（Valerio Naglieri著 ／ERMANNO ALBERTELLI EDITORE刊 ）、「NORTH AFRICA AND ITALY 1942-1944」（Will Fower著／Ian Allan刊）、「IRON HULLS IRON HEARTS」（Ian W. Walker著 ／CROWOOD刊 ）、「IMMAGINI DI STORIA-11,El Alamein」（Italia Editrice 刊）、「Carro Fiat 3000」（Andrea Tallillo、Antonio Tallillo、Daniele Guglielmi著／G.M.T.刊）、「I MEZZI CORAZZATI ITALIANI 1939-1945」（Nicola Pignato著 ／Albertelli刊 ）、「GLI AUTOVEICOLI DA COMBATTIMENTO DELL'ESERCITO ITALIANO-Volume 1 & 2」（Nicola Pignato、Filippo Cappellano著／Ufficio Storico Stato Maggiore dell'Esercito刊）、「Le forze armate della RSI 1943-1945 Forze di terra」（Carlo Cucut著／Gruppo Modellistico Trentino di studio e ricerca storica刊）、「FORZE ARMATE DELLA R.S.I. SUL CONFINE ORIENTARE」（Carlo Cucut著 ／MARIVA

[著者紹介]
吉川和篤
(よしかわ かずのり)

1964年、香川県高松市生まれ。
幼少の頃、ドイツ空軍からミリタリー趣味に目覚め、成人後も軍装収集・戦史研究を趣味とする。二十数年前にパリで出会った『デチマ・マス』師団戦友会本からイタリア軍の魅力に惹かれ、その後R.S.I.軍について研究を行なう。2002年にはミラノに語学留学して現地で多くのヴェテランから話を聞き、各地の戦場を訪ねる。帰国後、広告会社でアートディレクターとして勤務の傍ら、イタリア軍関係の執筆や私家本の発行、アニメやドラマの監修などを行い、2020年よりフリーランスとして活動。また近年は日本戦車の研究や執筆も行う。R.S.I.『デチマ・マス』部隊戦友会協会会員。

『デチマ・マス』部隊の慰霊祭に参加して、ボルゲーゼ師団長写真の前で元『ガンマ』潜水工作部隊の故ルイジ・フェッラーロ氏と握手を交わす筆者

あなたの知らないイタリア軍
Benvenuti! 知られざるイタリア将兵録 *Secondo Piatto*

2023年11月30日発行

著者――――吉川和篤

装丁――――吉川和篤
本文DTP ―― イカロス出版デザイン制作室
編集――――浅井太輔

発行人―――山手章弘
発行所―――イカロス出版株式会社
〒101-0051
東京都千代田区神田神保町 1-105
編集部　mc@ikaros.co.jp
出版営業部　sales@ikaros.co.jp

印刷――――図書印刷
Printed in Japan